ECOLOGICAL ENVIRONMENT

生态环境产教融合系列教材

环境微生物学实验方法与技术

主编 吴易雯

编委 朱金山 肖红艳 杨 凯

陈思宝 袁中勋 孙启耀

中国科学技术大学出版社

内 容 简 介

微生物从方方面面影响着人们的生活安全和健康。本书是环境微生物学的实验教材,主要介绍了环境微生物学的基本操作实验和综合技术实验,共计24个实验。其中基本操作实验9个,包括环境领域常见的显微镜的使用、借助于显微镜进行微生物细胞大小的测量、细菌的常用染色法、培养微生物过程中涉及的培养基的配制、分离与纯化技术以及接种与无菌操作技术等;综合技术实验15个,主要包括水生生态系统评价中常用的浮游植物、浮游动物和着生藻类的测定,水、土壤和空气等自然环境的细菌检测,环境监测领域常用的一些微生物学指标(如水体中总大肠菌群的检测、活性污泥的相关微生物相的分析、微生物毒理学方面的发光细菌检测、水体有机毒物及样品致突变毒性检测等)。

本书既可作为普通高等院校的环境科学、环境工程、环境生态工程、生命科学及给水排水相关专业的本科生和研究生的指导用书,也可以作为环境监测、环境保护和环境工程等相关技术人员的参考用书。

图书在版编目(CIP)数据

环境微生物学实验方法与技术/吴易雯主编. —合肥:中国科学技术大学出版社,2024.1
ISBN 978-7-312-05847-9

Ⅰ.环… Ⅱ.吴… Ⅲ.环境微生物学—实验—高等学校—教材 Ⅳ.X172-33

中国国家版本馆CIP数据核字(2023)第229005号

环境微生物学实验方法与技术

HUANJING WEISHENGWUXUE SHIYAN FANGFA YU JISHU

出版 中国科学技术大学出版社
  安徽省合肥市金寨路96号,230026
  http://press.ustc.edu.cn
  https://zgkxjsdxcbs.tmall.com
印刷 合肥市宏基印刷有限公司
发行 中国科学技术大学出版社
开本 787 mm×1092 mm 1/16
印张 7.75
字数 176千
版次 2024年1月第1版
印次 2024年1月第1次印刷
定价 32.00元

前　言

人类社会的发展历程与自然环境的变迁紧密相连,从原始的狩猎采集,到农业革命,再到工业革命,每一次重大的社会进步都伴随着对自然环境的深刻影响。如今,我们身处一个科技进步、经济腾飞的时代,与此同时,解决生态环境问题也成为全球共同面临的挑战,加强环境保护和可持续发展已成为社会的共识。在这样的背景下,生态环境产教融合系列教材应运而生,这套教材不仅是对环境保护领域知识的一次全面梳理,更是对产教融合教育模式的一种实践与探索,让知识更好地服务于环保产业的创新与发展。

随着社会工业化的发展,环境污染物对人们的身体健康及生活安全产生了重大影响。环境微生物学重点研究污染环境中的微生物学,主要以微生物学的理论与技术为基础,研究有关环境现象、环境质量及环境安全问题,与其他学科如土壤微生物学、水及污水处理工程微生物学、环境化学、环境监测、环境工程学等互相影响,共同发展。环境微生物学实验是环境科学和微生物学领域中的重要实践环节之一。通过微生物学的实验操作,人们可以探究环境中的微生物种类、数量和分布情况,了解其与环境的相互作用,为环境保护和资源利用提供科学依据。在环境监测领域,微生物学技术手段常被用于监测生态环境多样性,反映水体、土壤和空气的质量和生物安全性。在污(废)水、重金属污染的土壤以及工业有机废气的处理过程中,微生物也已经被工程化研究和用来处理污染物。

为贯彻落实教育部办公厅印发的《现代产业学院建设指南(试行)》通知的精神,扎实推进新工科建设,培养适应和引领现代产业发展的高素质应用型、复合型、创新型人才,编者在结合自编的《环境微生物学课程实验指导》的基础上,参考了我国生态环境保护相关部门发布的微生物领域的技术指南和标准,借鉴了许多专业实验教材,编写了本书。

根据现阶段生态环境监测行业和环境保护相关技术企业对于微生物学技术的基本需求,本书介绍了环境微生物学的基本操作实验,主要包括显微镜的使用、微生物细胞大小的测量、细菌的染色技术、培养基的配制、微生物的分离与纯化技术以及接种与无菌操作技术等;还介绍了综合技术实验,体现了环境行业常用的微生物学实验方法。综合技术实验主要包括水生生态系统评价中常用的浮游植物、浮游动物和着生藻类的测定，水、土壤和空气等自然环境的细菌检测，环境监测领域常用的一些微生物学指标(如水体中总大肠菌群的检测、活性污泥的相关微生物相的分析、微生物毒理学方面的发光细菌检测、水体有机毒物及样品致突变毒性检测等)。

　　本书兼顾了基本实验技术和标准实验技术，并尽可能做到内容准确、形式规范、对接行业应用。本书既可作为普通高等院校的环境科学、环境工程、环境生态工程、生命科学及给水排水相关专业的本科生和研究生的指导用书，也可以作为环境监测、环境保护和环境工程等相关技术人员的参考用书。

　　本书是在中国科学技术大学出版社的组织及长江师范学院绿色智慧环境学院"产业学院建设"相关项目的支持下出版的。其中实验1~12由吴易雯编写，实验14~16和实验18~20由长江师范学院朱金山编写，实验22和实验24由长江师范学院肖红艳编写，实验23由中国五冶集团有限公司杨凯编写，实验21由长江勘测规划设计研究有限责任公司陈思宝编写，实验17由长江师范学院袁中勋编写，实验13由长江师范学院孙启耀编写。在此，我们对所有参与本书编写、绘图、审阅的老师，一并表示诚挚的谢意。

　　由于编者水平有限，书中错误在所难免，敬请各位读者批评指正。

编　者

2023 年 10 月

目　　录

实验1 普通光学显微镜的使用

【实验目的】

（1）了解普通光学显微镜的构造和原理,学习和掌握普通光学显微镜的使用和保养方法。

（2）观察和识别常见的几类微生物的形态特征。

【实验概述】

微生物通常难以用肉眼看清,要通过工具将其形态放大之后才可以被分辨清楚。光学显微镜正是利用光学成像原理,把人眼所不能分辨的微小物体放大,供人们提取微细结构信息的一种精密仪器。随着科学技术的不断进步,显微镜所使用的光源种类也逐渐增多,目前常用的光源有可见光、紫外光和高能电子束。显微镜的分辨率和放大倍数有了很大提高。在环境领域,以可见光作为光源的普通光学显微镜,因成像清晰和便于操作等优点,被广泛使用。普通光学显微镜包括机械系统和光学系统两部分,见图1.1。

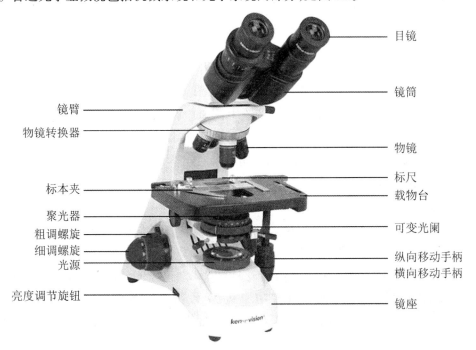

图1.1 普通光学显微镜的构造

1. 机械系统

(1) 镜筒

镜筒上端安放目镜,下端是物镜转换器。镜筒分双筒和单筒两种。双筒之间的距离可根据观察者的瞳距手动调节至视野重合的合适距离。单筒分为直立式和后倾斜式两种。

(2) 镜臂

镜臂连接镜筒、载物台、聚光器和调焦装置(粗调螺旋和细调螺旋),起到稳固和支撑显微镜的作用。

(3) 物镜转换器

物镜转换器位于镜筒下方,通常具有4~6个物镜接口,用于安装不同放大倍数的物镜。为使用方便,物镜一般按低倍到高倍的顺序安装。可根据观察需要转动物镜转换器,调节物镜放大倍数。

(4) 载物台

载物台是物镜下方的方形或圆形的平台,中间有一通光孔。载物台上安装有标本夹和移动手柄。调节移动手柄可前后或左右移动标本夹。通常,移动手柄上还装有刻度标尺,可标定标本位置,便于重复观察。

(5) 调焦装置

调焦装置包括安装在镜臂基部两侧的粗调螺旋和细调螺旋,通过升高或下降载物台的位置,调节物镜与标本间的距离,使成像清晰。

(6) 镜座

镜座位于显微镜的底部,设置有反光镜或可见光光源,起到稳定支撑整个仪器和提供光源的作用。

2. 光学系统

(1) 目镜

目镜安装于显微镜镜筒最上端,由两片透镜构成,把物镜放大的实像再次放大为虚像,但此过程不再增加分辨率。目镜的两片透镜中,上面一片为接目透镜,下面一片为聚透镜,两片透镜之间有一光阑。光阑的大小决定了显微镜视野的大小,光阑的边缘就是视野的边缘,故又称其为视野光阑。光阑的边缘可固定细金属丝作为指针指示视野中的标本,光阑上还可放置测量微生物大小的目镜测微尺。目镜有5×、10×、16×等放大倍数,以供选用。

(2) 物镜

物镜是安装在物镜转换器上的镜头,因靠近被观察的物体而得名。物镜是显微镜光学系统中最重要的部分,可以把标本初次放大,产生实像并直接影响显微镜的分辨率。物镜有低倍镜(4×)、中倍镜(10×~20×)、高倍镜(40×)和油镜(100×)等,其中100×物镜刻有"OIL"字样,需要浸油使用。物镜上刻有参数,分别指示放大倍数、数值孔径(numerical aperture,NA)、工作距离(物镜下端至盖玻片间的距离,mm)及盖玻片的厚度要求等(图1.2)。

1.放大倍数;2.无限远光学;3.数值孔径;4.盖玻片厚度要求

图1.2　物镜的主要参数

物镜的性能由数值孔径决定,它决定着显微镜的物镜分辨率:

$$NA = n \times \sin\frac{a}{2} \tag{1.1}$$

式中,NA 为数值孔径,n 为物镜与标本间介质的折射率,a 为物镜的镜口角。

在物镜和聚光器上都标有它们的数值孔径,数值孔径是物镜和聚光器的主要参数。$\sin(a/2)$ 的最大值不可能超过1,又因为空气的折射率为1,故以空气为介质的数值孔径不可能大于1,一般为 0.05~0.95。提高数值孔径的一个有效途径是提高物镜与标本间介质的折射率。由光线通过几种介质的折射率 $n_{空气}=1.0$,$n_{水}=1.33$,$n_{香柏油}=1.52$ 可知,使用香柏油浸没物镜(即油镜)理论上可将数值孔径提高到1.5左右,实际数值孔径也可达 1.2~1.4。影响数值孔径的另一个因素是镜口角 a(图1.3)。光线投射到物镜的角度越大,显微镜的效能越大,该角度的大小取决于物镜的直径和焦距。

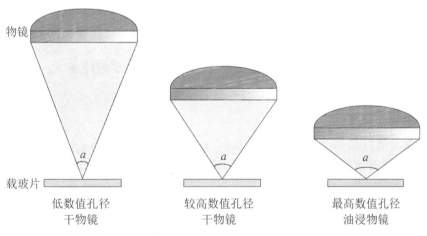

图1.3　物镜的镜口角

显微镜的性能主要取决于分辨率(resolving power)的大小。分辨率,也称分辨力,是指显微镜能分辨出物体两点间的最小距离(D):

$$D = 0.61 \times \frac{\lambda}{NA} \tag{1.2}$$

式中,λ 为光的波长,单位为 nm;NA 为数值孔径。D 愈小表明分辨率愈高。

由式(1.2)可知,显微镜的分辨率与入射光的波长和数值孔径有关。首先,光的波长越短则显微镜的分辨率越高。但普通光学显微镜的光源是可见光,其波长为400~770 nm,光的波长缩短的范围有限。其次,可以通过增大物镜的数值孔径来提升分辨率,理论上可以通过改变介质或镜口角a实现。在物镜和标本间加入香柏油作介质时,理论上能够将数值孔径增加到1.5左右。当用数值孔径为1.5的油镜和波长为490 nm的可见光来观察标本时,$D=200$ nm,即0.2 μm。

显微镜的总放大倍数是物镜放大倍数和目镜放大倍数的乘积。

(3)聚光器

聚光器位于载物台的下方,起聚集光线的作用,可通过旋钮来调节其位置,在其边框上刻有数值孔径。当用低倍物镜时,聚光器应下降;当用油镜时,聚光器应升到最高位置。在聚光器的下方安装了可变光阑,可放大或缩小,用于调节光强度和数值孔径的大小。可以通过调节聚光器和可变光阑来调整光照强度和图像的清晰度。

(4)光源

普通光学显微镜一般内置通电照明光源,在镜座上还设置有亮度调整旋钮,可调节光源至观测最适亮度。

(5)滤光片

滤光片有红、橙、黄、绿、青、蓝、紫等各种颜色,分别透过不同波长的可见光。在用显微镜观察时,如果只需要某一波长的光线,则可以根据标本颜色,选择合适颜色的滤光片以增加成像和背景的反差。

【实验材料】

1. 微生物标本玻璃装片

草履虫、水蚤、大肠杆菌(*Escherichia coli*)、酵母菌和枯草芽孢杆菌(*Bacillus subtilis*)等的永久玻璃装片。

2. 实验仪器

普通光学显微镜。

3. 其他材料

香柏油、无水乙醇、擦镜纸等。

【实验步骤】

1. 用低倍镜观察草履虫和水蚤

(1)将显微镜置于桌面上,距离桌边缘10 cm左右。打开显微镜电源,调节光亮度。

(2)旋转物镜转换器,将低倍物镜转到镜筒正下方位置。

(3)调节粗调螺旋,使载物台下降到尽头,将草履虫或水蚤永久玻璃装片放在载物台上,用标本夹夹住。调节移动手柄使观察目标对准台孔。

（4）调节聚光器高度与光阑大小（与物镜数值孔径相一致）,达到较好的效果。

（5）调焦:转动粗调螺旋,逐渐上升载物台,此时眼睛与物镜保持水平,观察载物台与物镜间的距离,防止二者接触到。当二者之间的距离为0.5 cm时,再从目镜中观察视野并继续微量调节粗调螺旋至看见模糊物像,再转动细调螺旋,调节到物像清晰为止。在此过程中,同时调节移动手柄,使玻璃装片前后左右移动,以便找到最佳观察范围。

（6）观察草履虫、水蚤的细胞和形态,拍照并手动绘制形态图。

2. 用高倍镜观察酵母菌

（1）先使用低倍镜观察到酵母菌的大致轮廓,步骤同上。

（2）将观察目标移至视野中央,旋转物镜转换器,将高倍镜（40×）转到工作位置上。

（3）从目镜中观察目标,同时微小幅度转动细调螺旋,直至图像清晰为止。

（4）由低倍镜观察换到高倍镜观察时,视野变小、变暗,可适当调节光亮度。

（5）观察酵母菌的形态,拍照并绘制形态图。

3. 用油镜观察细菌

（1）放置大肠杆菌或枯草芽孢杆菌玻璃装片标本:将细菌的玻璃装片标本（带菌面朝上）置于载物台上。

（2）按低倍镜到高倍镜的操作步骤找到目标,并将目标移至视野正中间。

（3）适当调节光亮度。

（4）将高倍镜移开,在标本上滴一滴香柏油,转换油镜镜头至正中间,使镜面浸在油滴中。通常,转过油镜即可看到目标,如不够清晰,可小幅度调节细调螺旋至图像清晰。

（5）选择合适视野,仔细观察,拍照并绘制细菌形态图。

（6）观察结束,关闭显微镜电源开关,下降载物台,取下玻璃装片。

4. 实验后处理

（1）将物镜转离工作位置,下降载物台至最低位置。

（2）清洁镜头:先用擦镜纸擦去镜头上的香柏油,然后用沾少许镜头清洁液（无水乙醇）的擦镜纸擦掉残留的香柏油,再用干净的擦镜纸抹去残留的镜头清洁液。稍等片刻,用洁净的擦镜纸擦拭油镜,确认镜头上无香柏油。最后,用干净的擦镜纸擦拭其他物镜和目镜。

（3）将显微镜置于防尘除湿罩中,以免受潮。

【实验结果】

绘制观察到的微生物的形态,并标明观察目标的名称和放大倍数。

【注意事项】

（1）搬动显微镜时应一手握住镜臂,另一手托住镜座,镜身保持直立,并紧靠身体。

（2）显微镜避免与挥发性药品或腐蚀性酸类一起存放。

（3）用镜头清洁液擦镜头时，用量要少，不宜久抹，以防透镜上的树脂被溶解。

（4）避免使用手指或非擦镜纸触摸或擦拭镜头。

【思考题】

（1）使用油镜时为什么要先从低倍镜开始调节？

（2）用低倍镜就可以清楚观察到观察目标时，还需要继续调整高倍镜观察吗？

实验2 相差显微镜的使用

【实验目的】

(1) 了解相差显微镜的构造和原理。

(2) 学习和掌握相差显微镜的使用方法。

【实验概述】

相差显微镜(图2.1)利用光的衍射和干涉原理,将光通过透明标本后产生的光程差(即相位差)转化为人眼可以察觉的光的振幅差,即明暗差。显微视野的明暗差增强了观察目标的对比度,使得活细胞及其细微结构未经染色处理就可以被观察到。由于光透过未经染色的标本时颜色和振幅均不会发生明显改变,使用普通光学显微镜观察未经染色的目标时,整个视野的亮度和对比度是均匀的,无法分辨细胞内的结构。而对活细胞进行固定和染色处理时,通常易造成细胞死亡或细胞内结构的改变,因此相差显微镜在观察活细胞时更具有优势。

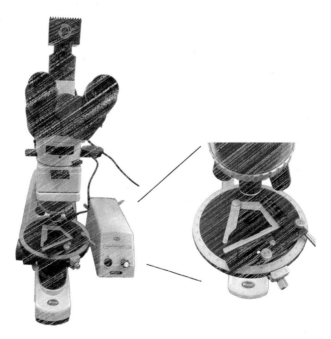

图2.1 相差显微镜的构造

与普通光学显微镜相比,相差显微镜有四个特殊结构:环状光阑、相差物镜、合轴调节望远镜和滤光片。

1. 环状光阑

相差显微镜的聚光器下方配置有一镶嵌不同光阑的转盘。环状光阑上具有一圈透明的亮环。来自反光镜的直射光从环状部分透过,形成空心筒状光柱,再由聚光器照射至标本后,产生两种光:一种是直射光,另一种是经过标本后产生的衍射光。经物镜内相板的作用,这两种光的相位和振幅发生改变。不同的光阑上标有10×、20×、40×等字样,表示更换不同放大倍数的相差物镜,可与相应的环状光阑配合使用。

2. 相差物镜

物镜的后焦平面上装有相板,此装置即相差物镜。相差物镜的镜筒上一般标有字母"PH"。相板上有一灰色的圆环,上面涂有吸光物质(常为氯化镁),直射光从该部分通过时被吸收了约80%,且直射光通过相板时光波相对提前或推迟1/4波长,导致直射光与衍射光发生了干涉作用,剩余约20%的直射光通过涂层,从而使物体的衍射光均匀分布在相板上。相板上的暗环与环状光阑上的亮环相互配合。其结果是形成观察背景与观察目标的明暗差异,便于观察者观察。

3. 合轴调节望远镜

合轴调节望远镜是用来调节光阑和相板环孔重合的特制低倍望远镜。使用时,取出一侧目镜,插进合轴调节望远镜,并调节其焦点,直至清晰地看到一明一暗的两个圆环。再调节环状光阑的旋钮,使光阑上亮环与相板上暗环完全重叠。

4. 滤光片

通常使用绿色滤光片,因为绿色滤光片具有吸热作用(过滤掉蓝色光和红色光),便于观察。

【实验材料】

1. 微生物标本

酿酒酵母(*Saccharomyces cerevisiae*)水封片。

2. 实验仪器

相差显微镜、显微镜灯。

3. 其他材料

擦镜纸等。

【实验步骤】

(1) 将转盘转至标记为"0"的位置,用10×相差物镜调光。

（2）调节光源（采用科勒照明法）。

① 将聚光器上升至最高位置，把可变光阑调至最小，打开照明光源。

② 将光阑口径关至约一半。在平面反光镜上放置一张白色纸，调节灯的位置，使灯丝成像在白纸中央，移去白纸后上下调节聚光器，使灯丝的像投射到聚光器的可变光阑上。

③ 放置绿色滤光片，打开可变光阑，将酿酒酵母水封片置于载物台上，用标本夹固定。

④ 用10×相差物镜调焦至观察目标清晰。

⑤ 关上光阑并小幅度降低聚光器的高度，使光阑的像和标本都在焦点上，然后缓缓打开光阑直至视野中看到光阑开口边缘，再把光阑充分打开，微调灯和反光镜位置，让视野中央亮度均匀并达到最大亮度。

（3）合轴调节。取下显微镜原有目镜，换上合轴调节望远镜。上下移动镜筒至能看清相板。调节相差聚光器后的调节器，让相板暗环和光阑亮环完全重合。

（4）放回目镜。取下合轴调节望远镜，安装原目镜。每次更换不同放大倍数的相差物镜，都要按照上述方法进行重新调节。

（5）观察。

（6）观察结束，做好相差显微镜的清洁和存放工作。

【实验结果】

认真观察视野中酿酒酵母细胞形态和细胞结构的相应图像，拍照记录实验结果，同时记录观察过程中视野的亮或暗、标本的亮或暗情况。

【注意事项】

（1）在进行显微镜操作的任何时段都禁止用手触摸镜头。

（2）载玻片和盖玻片的厚度要适当，否则不宜使用。

（3）合轴调节后，要装回原目镜再进行后续的观察。

【思考题】

（1）试简述相差显微镜的光学原理。

（2）相差显微镜与普通光学显微镜相比，有哪些特殊部件？各起什么作用？

实验3　荧光显微镜的使用

【实验目的】

(1) 了解荧光显微镜的构造和原理。
(2) 学习和掌握荧光显微镜的使用方法。

【实验概述】

荧光显微镜利用紫外光或蓝紫光作为光源照射观察标本,使细胞内的荧光物质产生荧光。荧光通过物镜后的阻断滤光片过滤,再经目镜放大后,可以用来观察细胞内发出荧光的部位,还可以对荧光的强度进行定性定量分析。通过荧光显微镜观察到的颜色不是标本的本色,而是荧光的颜色。荧光显微镜分透射式和落射式两种。透射式荧光显微镜的光源位于载物台下方,光线向上照射,本身不进入物镜,只有荧光进入物镜,视野较暗。落射式荧光显微镜的光源位于载物台上方,光线向下照射,视野较亮,对透明和非透明样品都能观察。

荧光显微镜(图3.1)与普通光学显微镜相比,有如下一些特殊部件:

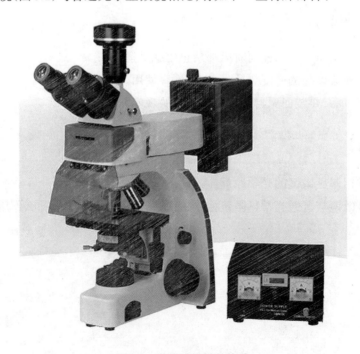

图3.1　荧光显微镜的构造

1. 光源

荧光显微镜光源为紫外光或蓝紫光,一般用高压汞灯或弧光灯作为激发光源。

2. 滤色系统

滤色系统由激发滤板和阻断滤板共同构成。激发滤板位于聚光器和光源之间,用于选择激发光波长,使不同波长的可见光被吸收。激发滤板的光波长通过范围分为325～500 nm和275～400 nm两种。阻断滤板在物镜上方或目镜下方,完全阻挡激发光通过,呈现相应波长范围的荧光颜色。

3. 吸热装置

高压汞灯和弧光灯在发射紫外光时会放出热量,因此应使光线通过吸热水槽进行散热。

【实验材料】

1. 实验仪器

荧光显微镜。

2. 实验试剂和材料

无水乙醇、擦镜纸、载玻片、盖玻片、无荧光油、封裱剂、菌种的培养液等。

封裱剂:用甘油和0.5 mol/L pH为9.0～9.5的碳酸盐缓冲液等量混合而成。要求无荧光。

【实验步骤】

(1) 取少量菌种培养液并滴加在载玻片中央,盖上盖玻片,制成水浸片。

(2) 打开荧光显微镜稳压器,开启灯电源。高压汞灯预热10～15 min。

(3) 根据使用的荧光显微镜类型,安装激发滤板和阻断滤板。

(4) 先用低倍镜进行观察,调整光源,使光源中心位于整个光斑中央。

(5) 将水浸片安放至载物台上,夹紧标本夹。

(6) 先用低倍物镜调整焦距,在玻片上滴加无荧光油后,再用100×物镜调焦镜检,在荧光显微镜下仔细观察菌体细胞发出的荧光。

(7) 观察结束,取下水浸片,使用无水乙醇清洁物镜,做好显微镜关闭和存放工作。

【实验结果】

观察菌体的形态,拍照记录实验结果。

【注意事项】

(1) 镜检荧光时应在光线较暗的室内进行,以减少镜检时间。

（2）高压汞灯启动15 min之内不得关闭，关闭后30 min内不得再次开启。

（3）高压汞灯工作时会散发大量的热量，因此工作环境温度不宜太高，要有良好的散热条件。

（4）汞灯的使用寿命为200～300 h，在电源控制箱上有时间累计计数器，使用者要记录累计小时数，达到300 h时，要更换新灯泡，否则亮度不够，影响观察效果。

（5）镜检时，可先用可见光找到观察部位，再用荧光进行观察，延长荧光消退时间。

（6）紫外光对人眼有害，因此要安装紫外防护罩，做好防护工作。

【思考题】

（1）荧光显微镜的适用范围是什么？

（2）试简述荧光显微镜的工作原理和光学成像途径。

实验 4　微生物细胞大小的测量

【实验目的】

（1）了解显微测微尺的结构、原理和使用方法。
（2）学习测微技术，增强对微生物细胞大小的感性认识。

【实验概述】

微生物大小的测定，需要在显微镜下借助于特殊的测量工具——显微测微尺才能完成。显微测微尺包括目镜测微尺和镜台测微尺（图4.1）。

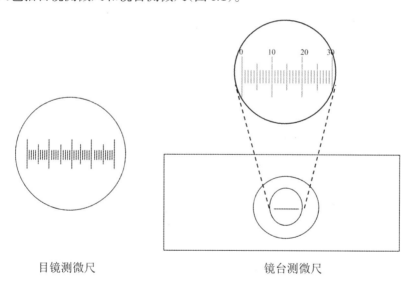

目镜测微尺　　　　　　　　　　　　镜台测微尺

图4.1　显微测微尺

1. 目镜测微尺

目镜测微尺是一块可以放入目镜内的圆形玻璃片，其直径根据显微镜的不同型号而不同。目镜测微尺中央刻有10 mm长的、平均分为100格（或5 mm长的、平均分为50格）的标尺，刻度的大小随使用的目镜和物镜的放大倍数而改变，使用前要用镜台测微尺来标定。

2. 镜台测微尺

镜台测微尺为一块特制的载玻片，其中央有一小圆圈。圆圈内刻有分度，将长1 mm的直线均分为100小格，每小格等于10 μm。镜台测微尺并不直接测量细胞的大小，而是用于标定目镜测微尺每格的相对长度。标尺的外围有一小黑环,便于找到标尺的位置。

3. 目镜测微尺的标定

取下接目镜,将目镜测微尺放入目镜的中隔板上,使有刻度的一面朝下,旋好后装入镜筒内。将镜台测微尺放在载物台上使刻度朝上。同观察标本一样,使具有刻度的小圆圈位于视野中央。先用低倍镜观察,对准焦距,待看清镜台测微尺的刻度后,转动目镜,使目镜测微尺的刻度与镜台测微尺的刻度相平行,并使两尺的左边第一条线相重合,再向右寻找两尺的另外一条重合线。图4.2就是目镜测微尺和镜台测微尺重叠时的情况,目镜测微尺上22格对准镜台测微尺上的2格。镜台测微尺的1格为10 μm,2格的长度即为20 μm,所以目镜测微尺上1小格的长度为0.91 μm,再分别求出高倍镜和油镜下目镜测微尺每格的长度。用下式计算目镜测微尺每格所表示的实际长度:

$$目镜测微尺每格长度 = \frac{镜台测微尺的格数 \times 10\ \mu m}{重叠时目镜测微尺的格数} \tag{4.1}$$

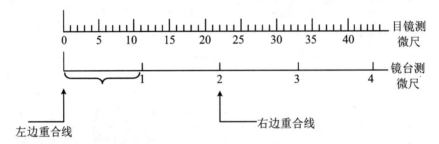

图4.2　目镜测微尺的标定

【实验材料】

1. 实验仪器
普通光学显微镜、镜台测微尺、目镜测微尺、载玻片等。

2. 实验试剂和材料
细菌永久装片、微型动物永久装片、无水乙醇、擦镜纸等。

【实验步骤】

(1) 将目镜测微尺安装于普通光学显微镜的目镜中,在不同放大倍数下标定目镜测微尺。

(2) 将镜台测微尺取下,换上标本片,选择适当的物镜测量目标物的个体大小。

(3) 分别找出微生物个体的长和宽占目镜测微尺的格数,再按目镜测微尺标定的长度,计算出微生物细胞或个体的长度和宽度或直径等。在这过程中,如物镜的放大倍数有变化,需重新标定目镜测微尺1小格所表示的实际长度,每一种被测样品需重复测量数次或数十次,取平均值。

【实验结果】

1. 目镜测微尺标定结果

将目镜测微尺标定结果记录于表4.1中。

表4.1　目镜测微尺标定结果

物镜	物镜放大倍数	目镜测微尺格数	镜台测微尺格数	目镜测微尺每格长度（μm）
低倍镜				
高倍镜				

目镜的放大倍数：_____

2. 细菌细胞大小的测量结果

（1）将球菌细胞大小的测定结果记录于表4.2中。

表4.2　球菌细胞大小的测定结果

单位：_____

	1	2	3	4	5	6	7	8	9	10	均值
直径											

放大倍数：_____

（2）将杆菌细胞大小的测定结果记录于表4.3中。

表4.3　杆菌细胞大小的测定结果

单位：_____

	1	2	3	4	5	6	7	8	9	10	均值
长度											
宽度											

放大倍数：_____

3. 微型动物个体大小的测量结果

将微型动物个体大小的测量结果记录于表4.4中。

表4.4　微型动物个体大小的测量结果

单位：_____

	1	2	3	4	5	6	7	8	9	10	均值
长度											
宽度											

名称：_____　　放大倍数：_____

【注意事项】

将目镜测微尺安装于目镜的过程中,尽量不要用手指直接接触目镜镜面和测微尺透光面。

【思考题】

(1) 为什么更换不同放大倍数的目镜或物镜时,要对目镜测微尺进行重新校正?

(2) 不改变目镜和目镜测微尺,而改用不同放大倍数的物镜来测定同一细菌的大小时,测定结果是否相同?为什么?

(3) 显微镜的视野面积如何测量和计算?

实验 5　细菌的简单染色和革兰氏染色

【实验目的】

(1) 了解细菌的涂片及染色技术在微生物学实验中的基础作用。

(2) 了解简单染色法和革兰氏染色法的原理。

(3) 掌握细菌固定及革兰氏染色的基本方法。

【实验概述】

细菌个体微小,在普通光学显微镜下难以识别。需要对细菌菌体进行染色,增加菌体和背景的色差,才能在普通光学显微镜下观察到细菌的个体形态和细胞结构。微生物细胞是由蛋白质、核酸等两性电解质及其他化合物组成的。两性电解质兼具碱性基团和酸性基团,在酸性溶液中解离出碱性基,呈碱性,带正电;在碱性溶液中解离出酸性基,呈酸性,带负电。经测定,细菌等电点(pI)为 2~5,即细菌在 pH 为 2~5(不同种类有差异)时,大多以两性离子存在,而当细菌在中性(pH=7)、碱性(pH>7)或偏酸性(pH 为 6~7)的溶液中,细菌的蛋白质携带负电荷。微生物染色用的染料可以分为碱性染料和酸性染料两类。在近中性条件下,碱性染料(如结晶紫、沙黄(也叫番红)、亚甲蓝、碱性品红和孔雀绿等)带正电荷,染料和蛋白质结合,使细菌细胞染色。当细菌代谢活动分解糖类产生酸时,培养基 pH 下降,细菌所带正电荷增加,而伊红等酸性染料带负电荷,两者结合,使细菌染色。此外,复合染料(中性染料)是酸性染料和碱性染料的混合物。

细菌的染色方法很多,按照功能差异和使用染料的数量,可以分为简单染色法和复染色法。简单染色法仅用一种染料使细菌菌体染色,操作简单,主要用于观察细菌的个体形态,不能辨别细胞构造。复染色法是用两种及以上染料对细菌进行多次染色处理,使不同菌体和细胞构造显示不同颜色,具有鉴别作用,因此也叫鉴别染色法。鉴别染色法包括革兰氏染色法、芽孢染色法和抗酸性染色法等,革兰氏染色法最重要。

革兰氏染色法可以把细菌划分为革兰氏阳性菌(Gram positive bacteria,G⁺)和革兰氏阴性菌(Gram negative bacteria,G⁻)两大类,是最常用的一种鉴别染色法。该法是先将细菌标本用结晶紫染色,再加媒染剂碘液(增加染料和细菌细胞的亲和力),媒染剂和结晶紫在菌体细胞中形成分子量较大的紫碘复合物,然后用酒精进行脱色,最后用复染剂沙黄或复红染色。若细菌细胞不被脱色而保留初染紫颜色者,即为 G⁺;若被脱色,而染上复染剂的红颜色者,则为 G⁻。细菌能够被染料染成两种不同的颜色,主要是因为它们的细胞壁组成和结构不同。G⁺细胞壁中肽聚糖的含量高且交联度高,脂类物质含量少,经酒精或丙酮脱色时,肽聚糖层的孔径变小,通透性变低,因此细胞仍保留初染时的紫颜色。G⁻细胞壁中含有较多的脂类物质,而肽聚糖含量较少,交联度又低,故用脱色剂脱色时,脂类物质被溶解,细胞壁的通透性增加,使初染后的结晶紫和碘的复合物容易渗出,结晶紫细菌细胞被脱色,经复染后,就染上复染剂的颜色(图5.1)。

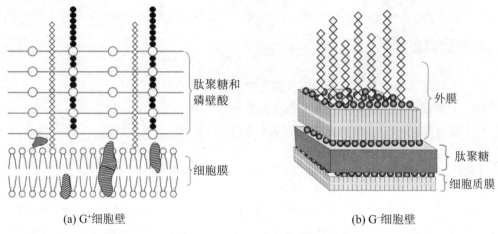

(a) G⁺细胞壁   (b) G⁻细胞壁

图5.1　G⁺和G⁻的细胞壁结构

【实验材料】

1. 菌种
大肠杆菌和枯草芽孢杆菌用牛肉膏蛋白胨斜面培养基培养20~24 h。

2. 染料
(1) 草酸铵结晶紫染色液:

A液:结晶紫2 g,加95%乙醇20 mL,溶解。

B液:草酸铵0.8 g,加蒸馏水80 mL,溶解。

混合A、B液,存放于棕色瓶中,48 h后可以使用。

(2) 鲁哥氏(Lugol's)碘液:先用少量(约5 mL)蒸馏水溶解2 g KI,再加入1 g I₂,搅拌溶解,加蒸馏水300 mL,混匀,保存于棕色瓶中。

(3) 沙黄染色液:配制沙黄乙醇液(25 g/L),保存于密闭的棕色瓶中。使用前取沙黄乙醇液20 mL,加蒸馏水80 mL,混匀,保存于棕色瓶中。

3. 仪器设备
普通光学显微镜。

4. 器皿和其他材料
酒精灯、接种环、载玻片、吸水纸、擦镜纸、95%乙醇、香柏油和镜头清洁液等。

【实验步骤】

1. 细菌的简单染色法

（1）涂片

将干净的载玻片置于实验台上，取1环无菌蒸馏水并加于载玻片中央。在酒精灯火焰上灼烧接种环至金属丝变为红色，待接种环充分冷却后，用其挑取少量的枯草芽孢杆菌，在载玻片水滴中搅拌数圈，至水滴略微浑浊即可，并搅拌使其中的菌体成为薄而均匀的菌膜。搅拌完毕后，将接种环置于火焰上灼烧，杀死多余的细菌。

（2）固定（干燥）

可以将载玻片置于空气中晾干，也可以在微火上方烘干，以不烫手的高度为宜，至菌膜完全干燥。烘干后再在火焰上方快速通过3～4次，使菌体完全固定在载玻片上。

（3）染色

滴加草酸铵结晶紫染色液1～2滴覆盖菌膜，染色1～2 min。

（4）水洗

将染色液倾去，然后倾斜载玻片，用自来水小心地从载玻片上方处冲洗菌膜，使水流流下时通过菌膜，洗去染色液，直至流下的水无色。倾去载玻片上的水。

（5）干燥

可轻轻甩去载玻片上的水珠，也可以用吸水纸轻轻覆盖菌膜，吸去菌膜上的水。

（6）镜检

先用普通光学显微镜低倍镜观察到菌体后，再用油镜观察菌体的个体形态，拍照记录结果。

2. 革兰氏染色法

（1）涂片和固定

步骤同简单染色法。此处分别将大肠杆菌和枯草芽孢杆菌涂抹在同一载玻片的两个区域，并用记号笔在载玻片背面做上记号。

（2）染色

初染：滴加草酸铵结晶紫染色液覆盖菌膜，染色1～2 min。倾去染色液，水洗后倾去载玻片上的水。

媒染：滴加鲁哥氏碘液覆盖菌膜，染色1～2 min，倾去染色液，水洗后倾去载玻片上的水。

脱色：在菌膜上滴加95％乙醇，立即稍微摇晃载玻片几次，倾去乙醇。重复2～3次后，水洗。倾去载玻片上的水。

复染：滴加沙黄染色液覆盖菌膜，染色5 min，水洗，倾去载玻片上的水。

（3）干燥

轻轻甩去载玻片上的水珠，然后用吸水纸轻轻吸干载玻片。

（4）镜检

按照简单染色镜检的方法,用油镜观察标本染色情况,拍照记录结果。

3. 实验后处理

（1）消毒与清洗染色玻片标本:用洗衣粉水煮沸 20 min 消毒,用过的菌种斜面煮沸 20 min 消毒,器皿清洗后晾干。

（2）使用镜头清洁液清洁油镜,再用擦镜纸仔细擦拭其他镜头,按照规定收好普通光学显微镜。

【实验结果】

拍照记录细菌简单染色和革兰氏染色的结果。

【注意事项】

（1）革兰氏染色时,一般选择培养 18~24 h 的细菌。若菌龄太老,菌体死亡或自溶常使革兰氏阳性菌呈阴性结果。

（2）染色时挑菌量宜少,涂片宜薄而均匀。

（3）简单染色或革兰氏染色进行热固定时,温度不宜过高,手感温热即可。

【思考题】

（1）革兰氏染色法中若只完成 95% 乙醇脱色步骤,而不用沙黄染液复染,能否分辨出革兰氏染色结果? 为什么?

（2）哪些因素会影响革兰氏染色的结果?

实验6　细菌的芽孢染色

【实验目的】

（1）掌握细菌芽孢染色的原理和基本方法。

（2）通过染色观察，识别细菌细胞中的芽孢。

【实验概述】

芽孢是一种细菌细胞内形成的休眠体，对不良环境具有很强的抗性。芽孢的有无、形态、大小、在菌体内的位置等是重要的菌种个体形态特征。芽孢染色法是为了观察细菌芽孢而设计的一种特殊染色法。细菌芽孢具有厚而致密的壁，含水量少，脂肪含量高，不易着色，着色后又难以脱色。根据菌体和芽孢对染料的结合力差异，可以通过染色使菌体和芽孢呈现不同颜色来观察芽孢的有无和形态特征等。例如，可以先用一种弱碱性染料(孔雀绿)，在加热的条件下使芽孢着色；再用自来水冲洗，菌体中的孔雀绿易被洗掉，而芽孢中的孔雀绿难以溶出；然后再用碱性石炭酸复红复染，菌体被染成红色，芽孢则呈绿色。也可以只使用一种染色液(如草酸铵结晶紫染色液)，使菌体和孢囊着色，而菌体内的芽孢和游离的芽孢则为无色或很淡的颜色，因此可以用这种方法观察芽孢有无及其特征(Tyler法)。

【实验材料】

1. 菌种

巨大芽孢杆菌(*Bacillus megaterium*)：用牛肉膏蛋白胨斜面培养基培养12～16 h；苏云金芽孢杆菌(*Bacillus thuringiensis*)：用LB琼脂斜面培养基培养2 d。

2. 染料

（1）乙酸结晶紫染色液：结晶紫0.1 g，无水乙酸0.25 mL，加水100 mL，混匀后保存于棕色瓶中。

（2）$CuSO_4$溶液：称取$CuSO_4·5H_2O$ 20 g，加水定容至100 mL。

（3）5%孔雀绿染液：称取孔雀绿5 g，加水定容至100 mL。

（4）0.5%沙黄水溶液：称取沙黄0.5 g，加水定容至100 mL。

3. 仪器设备

普通光学显微镜。

4. 器皿和其他材料

接种环、载玻片、吸水纸、擦镜纸、95％乙醇、香柏油和镜头清洁液等。

【实验步骤】

1. 方法一

（1）涂片

将干净载玻片置于实验台上，在载玻片中央加1环无菌蒸馏水。接种环灼烧灭菌后，用冷却后的接种环挑取较多量的芽孢杆菌菌苔，在水滴中轻轻涂抹数次，涂抹成较薄涂片。

（2）固定（干燥）

将染色标本在空气中自然干燥。

（3）染色

滴加3～5滴乙酸结晶紫染色液覆盖菌膜，染色2～3 min，倾去染色液。

（4）脱色

倾斜载玻片，用滴管吸取$CuSO_4$溶液，小心地冲洗菌膜，洗去染色液。重复1次。

（5）干燥

用吸水纸轻轻擦干染色玻片标本背面。

（6）镜检

在普通光学显微镜下，先用低倍镜找到观察目标，然后在菌膜处加1～2滴香柏油，用油镜观察染色玻片标本，观察菌体、荚膜和背景，拍照记录结果。

2. 方法二

（1）涂片和固定

将培养24 h左右的芽孢杆菌涂片和固定，步骤同方法一。

（2）初染

滴加3～5滴孔雀绿染液于已固定的涂片上，覆盖住菌膜。

（3）加热

用木质玻片夹夹住载玻片并在火焰上加热，使染液冒蒸汽但勿沸腾，也不要使染液蒸干，必要时可添加少许染液。加热时间从染液冒蒸汽时开始计算4～5 min。

（4）水洗

倾去染液。待玻片冷却后，使用微弱水流缓缓冲洗载玻片顶端，使水流流过菌膜，至孔雀绿不再褪色为止。

（5）复染

用沙黄水溶液染色1 min，水洗。

（6）干燥

用吸水纸轻轻擦干染色玻片标本背面。

（7）镜检

在普通光学显微镜下,先用低倍镜找到观察目标,然后在菌膜处加1～2滴香柏油,用油镜观察染色玻片标本,观察菌体、荚膜和背景,拍照记录结果。芽孢呈绿色,菌体呈红色。

【实验结果】

拍照并记录芽孢染色的结果。

【注意事项】

（1）染色时,控制好芽孢杆菌的菌龄,保证染色时大部分芽孢留在芽孢囊内。

（2）加热染色时要维持在染液冒蒸汽的状态,加热沸腾会导致菌体或芽孢囊破裂。

（3）脱色要等玻片冷却以后再进行,否则骤然用冷水冲洗会导致玻片破裂。

【思考题】

（1）为什么芽孢染色要进行加热? 能否用简单染色法观察到细菌芽胞?

（2）若在制片中仅看到游离芽孢,而很少看到芽孢囊和营养细胞,试分析原因。

实验7 培养基的配制和灭菌

【实验目的】

（1）了解微生物培养基的用途、种类和配制原理。

（2）掌握微生物培养基配制的一般程序。

（3）掌握各类常用物品的包装和灭菌方法。

（4）了解高压蒸汽灭菌、干热灭菌的原理和方法。

【实验概述】

培养基是根据微生物生长、繁殖或代谢产物累积的需要，按一定比例人工配制的供微生物生长繁殖和合成代谢产物所需要的营养物质的混合物。在配制培养基的过程中，由于营养物质和容器暴露在空气中，可能含有微生物。因此，配制好的培养基要立即灭菌，以免其中含有的微生物的生长繁殖提前消耗了培养基内的营养成分，影响后续实验。

培养基的原料可分为碳源、氮源、无机盐、生长因素和水。培养基的配制及灭菌是微生物学实验的基本操作。根据微生物的种类和实验目的不同，培养基也有不同的种类和配制方法。根据研究目的不同，可配制成固体、半固体和液体培养基。配制固体培养基时，应将已配好的液体培养基加热煮沸，再将称好的琼脂（1.5%～2.0%）加入，并用玻璃棒不断搅拌，以免糊底。继续加热至琼脂全部溶解，最后补足水分。不同的微生物对环境的pH要求也不尽相同，如细菌和放线菌的培养基一般偏中性和弱碱性，真菌的培养基一般偏酸性。此外，培养基还应有一定的渗透压、缓冲能力和氧化还原电位等，并且其要保持无菌状态。

1. 培养基的主要成分

（1）水

水是构成微生物细胞的重要成分，占其含量的70%～90%。配制培养基可以用自来水或者蒸馏水。自来水含有的微量杂质可作为营养物质被微生物吸收利用。蒸馏水不含杂质，可以保证实验结果的准确性。

（2）碳源

碳源是微生物的重要营养物质，是微生物细胞的主要组成成分，提供微生物生命活动所需能量。葡萄糖是微生物培养常用的碳源，其他糖类如淀粉、纤维素、麦芽糖、蔗糖以及脂肪、蛋白质、有机酸、烃类、醇类等也可根据需要作为碳源。

（3）氮源

氮源是细胞蛋白质的主要组成成分。除了固氮微生物能够利用气态氮源,其他微生物都需要以化合氮作为氮源。配制培养基所用的氮源主要分为无机氮源和有机氮源两种,无机氮源主要有铵盐和硝酸盐等,有机氮源主要有牛肉膏、蛋白胨、氨基酸和酵母膏等。此外,一些蛋白质含量较高的农副产品,如豆饼粉、花生饼粉、鱼粉等也可为微生物提供氮源。

（4）无机盐

许多矿物质如钙、镁、铁、磷等是微生物的生理调节剂或是酶的组成成分。配制培养基时,一般用含有这些元素的盐类。用天然来源的植物性或动物性物质制备培养基时,物质本身含有矿物质元素,所以不添加或只添加少量无机盐。

（5）生长因子

在配制培养基时,组成培养基的其他营养物质如牛肉膏、蛋白胨、豆饼粉等,就可以提供微生物生长代谢所需的生长因子。某些微生物在培养过程中还需添加另外的生长因子,如维生素和氨基酸等。

2. 培养基的分类

依据不同的分类标准可将培养基分成不同类型。

（1）根据培养基的物理状态分类

根据培养基的物理状态,可将培养基分为固体培养基、半固体培养基和液体培养基。培养基的物理状态取决于培养基中加入的凝固剂的量。固体培养基呈现固体状态,在液体培养基中加入适量的凝固剂便得固体培养基,一般常制作成平板和斜面。琼脂是最为常用的凝固剂,此外,硅胶、明胶等也可作为凝固剂。固体培养基的琼脂的含量一般为$1.5\%\sim2.0\%$,其用量的多少直接关系到培养基的硬度和保水性。固体培养基常用于菌种的培养、分离、筛选、保存和活菌计数等。半固体培养基是指在液体培养基中加入少量凝固剂制成的质地柔软的培养基。半固体培养基一般含有$0.2\%\sim0.5\%$的凝固剂。此类培养基主要用于穿刺培养,观察微生物的运动能力。液体培养基,即把培养基的各种成分溶于适量的水中,不加凝固剂制成的培养基。实验室中,液体培养基常用于观察微生物的生长特性:好氧微生物在液面形成膜、环和岛等,培养基透明;厌氧或兼性厌氧微生物在培养过程中出现浑浊或是沉淀。工业上,液体培养基主要用于微生物的鉴定、生理生化反应、大规模培养以及微生物的好氧发酵等。

（2）针对不同种类的微生物分类

培养一般细菌常用牛肉膏蛋白胨培养基,培养放线菌常用高氏1号培养基(也叫淀粉琼脂培养基),培养真核微生物如霉菌、酵母菌常用马铃薯葡萄糖琼脂培养基(PDA培养基)。牛肉膏蛋白胨液体培养基的主要成分包括牛肉膏、蛋白胨、NaCl和水。牛肉膏是牛肉热浸出液的浓缩干粉,提供微生物生长所需的碳源、氮源、部分无机盐及能源,还含有多种维生素等生长因子。蛋白胨是蛋白质(常用大豆蛋白或鱼粉等)的水解产物,提供氮源(胨和氨基酸等)和生长因子。高氏1号培养基的主要成分包括淀粉、KNO_3、K_2HPO_4、NaCl和$MgSO_4$等,其中淀粉作为碳源和能源,KNO_3作为氮源,培养基中还要加入琼脂作为凝固剂。放线菌具有较强的合成能力,因此不需要添加维生素等生长因子。PDA培养基的主要成分是马铃薯和葡萄糖(或蔗糖)。

3. 灭菌

培养微生物时,要求对所研究的实验材料进行无自然杂菌的纯培养,所以实验中所用的材料、器皿、培养基等都要经包装灭菌后才可使用。灭菌是采用物理、化学等方法杀死特定环境中全部微生物的营养细胞和它们的芽孢(或孢子)的过程。实验室常用的灭菌方法有干热灭菌、高压(加压)蒸汽灭菌(湿热灭菌)、间歇灭菌、气体灭菌和过滤除菌等。下面主要介绍干热灭菌、高压蒸汽灭菌和过滤除菌三种方法。

(1) 干热灭菌

干热灭菌要将待灭菌物品置于电热鼓风干燥箱中,并通电加热,利用高温使微生物细胞内的蛋白质凝固变性而达到灭菌的目的。细胞内的蛋白质凝固性与其含水量有关,在菌体受热时,若环境和细胞内含水量越大,则蛋白质凝固越快;反之,凝固越慢。因此,湿热灭菌的温度在121 ℃恒温15~30 min所达到的灭菌效果,干热灭菌要在160 ℃灭菌2 h才能达到。电热鼓风干燥箱灭菌温度不能超过180 ℃,否则,烘箱内器皿的包扎纸或棉塞就会烤焦,甚至燃烧。灭菌过程结束时把干燥箱的调节旋钮调回零处,待温度降到50 ℃左右,将物品取出。

灼烧灭菌也属于干热灭菌,即利用火焰直接把微生物烧死,灭菌迅速彻底,通常在微生物接种过程中用于接种环等工具的灭菌处理。

(2) 高压蒸汽灭菌

在微生物实验教学和科学研究中,高压蒸汽灭菌法是应用最普遍、效果最好的一种湿热灭菌方法。高压蒸汽灭菌要使用高压蒸汽灭菌锅(后面简称灭菌锅)。灭菌锅是能耐一定压力的具有加热圈的密闭金属锅。将待灭菌的物体放置在盛有适量水的灭菌锅内,盖好盖子,打开排气阀,将水加热煮沸而产生蒸汽,把灭菌锅内部原有的冷空气彻底驱尽后关闭排气阀,使灭菌锅密闭,再继续加热就会使锅内的蒸汽压逐渐上升,使菌体蛋白质凝固变性而达到灭菌的目的。一般温度达到121 ℃(压力为0.1 MPa),时间20 min,即可达到良好的灭菌效果。也可采用在较低的温度(115 ℃,0.075 MPa)下维持35 min的方法。在相同温度下,湿热灭菌的效果比干热灭菌好的原因是,热蒸汽对细胞成分的破坏作用更强。水分子的存在更易使蛋白质变性凝固,随着蛋白质含水量增加,所需凝固温度会降低;热蒸汽比热空气穿透力强,能更加有效地杀灭微生物;蒸汽存在潜热,当水由气态转变为液态时可放出大量热量,故可迅速提高灭菌效力。现在大多使用电热全自动灭菌锅(图7.1),其特点是使用方便、安全。

(3) 过滤除菌

过滤除菌主要基于大小排除原理和吸附原理。大小排除原理也称拦截过滤,是指根据滤膜的孔径大小进行筛选并截留比孔径大的物质。该机理中滤膜可以被想象成一个简单的筛网并拦截比膜孔大的颗粒物。吸附是基于静电原理使微小的颗粒物被滤膜内部结构吸附截留,当一个带有静电的物体靠近另一个不带静电的物体时,会产生"静电吸附"现象。在配制液体培养基时,有时一些活性物质不适用于高温的方法除菌时,常使用过滤的方法达到除菌效果。微生物学实验常用的滤膜孔径规格有 0.45 μm、0.22 μm 和 0.1 μm 等。

图 7.1　电热全自动灭菌锅

【实验材料】

1. 玻璃器皿

培养皿、试管、移液管、锥形瓶、漏斗、烧杯、玻璃棒、量筒。

2. 试剂和药品

1 mol/L NaOH 溶液、1 mol/L HCl 溶液、琼脂、配制培养基所需药品。

3. 仪器

烘箱、电子天平、加热磁搅拌器、灭菌锅。

4. 其他用具

药匙、称量纸、pH 试纸、棉花、纱布、皮筋、试管塞、报纸、牛皮纸、记号笔、乳胶管、弹簧夹、铁架台等。

【实验步骤】

1. 玻璃器皿的清洗

（1）旧玻璃器皿的清洗

① 一般的玻璃器皿如果无病原菌或未被菌体污染,可用去污粉或洗洁精进行刷洗,再

用清水冲洗干净。

② 带活菌的玻璃器皿,要经过消毒或高温灭菌后才可进行刷洗。

③ 清洗干净的器皿壁上水均匀分布且无水珠存在。

（2）新购置玻璃器皿的清洗

将器皿放入2%盐酸溶液中浸泡2~3 h,除去玻璃器皿上残留的碱性物质,再用清水冲洗干净。对于体积较大的玻璃器皿,应先用上述盐酸溶液浸湿其内外表面,再进行浸泡和冲洗。

（3）培养皿的清洗

带有含菌琼脂培养基的器皿可以先将培养基剔出,或者加热使培养基熔化后倒出（切记不可倒入下水管道）,然后用去污粉或洗洁精进行清洗,再用自来水冲洗,最后用蒸馏水清洗2~3次。若培养基带有致病菌,该培养皿应经过高压蒸汽灭菌后才可刷洗。冲洗干净后,将培养皿全部倒扣在桌面上,摆放整齐,晾干。

（4）移液管的清洗

使用过的移液管应在石炭酸溶液中浸泡过夜,或经高压蒸汽灭菌后再进行清洗,最后用蒸馏水冲洗干净,晾干或烘干备用。微量移液器又称移液枪,用来吸取微量液体,其特点是量程在一定范围内可调,容量固定、准确,操作方便,安装与之相匹配的枪头后即可使用。如无特殊要求,枪头可经清洗灭菌后再次使用。

（5）试管和锥形瓶的清洗

使用过的试管或锥形瓶,用毛刷蘸取去污粉或洗涤剂去除污渍后用自来水冲洗干净,再用蒸馏水冲洗2~3次。冲洗干净的试管或锥形瓶倒置晾干或烘干后备用。

2. 清洗后玻璃器皿的干燥

清洗干净的玻璃器皿可置于相应架子上自然控干水分。若急用,也可将相应的玻璃器皿放在烘箱中（80~120 ℃）烘干水分,待温度降至60 ℃后方可取出器皿。

3. 玻璃器皿的包装和包扎

（1）培养皿

实验室常用的培养皿皿底直径90 mm,高15 mm。培养皿用来进行微生物的培养,需要提前灭菌。将干燥的培养皿盖倒扣在培养皿底上,装入金属制的培养皿盒中准备灭菌,或者使用报纸、牛皮纸包扎灭菌。进行培养皿包扎时,将洗净烘干的培养皿8~10套为一组叠放整齐,用报纸包装成筒状后用棉线捆绑结实,或直接放入特定的不锈钢套筒中进行灭菌。

（2）移液管

移液管可用于吸取转移溶液和菌悬液等,常用规格有1 mL、2 mL、5 mL、10 mL等。进行移液管包扎时,在洗净烘干的移液管吸口处塞入长为0.5~1 cm的普通棉花,松紧合适,用以阻挡杂菌,防止污染。灭菌前,可以将多支吸口处塞好棉花的移液管尖端朝下放入玻璃或铜制的圆筒中,盖上筒盖,然后在玻璃筒外包上牛皮纸后进行灭菌。若对单支移液管包扎灭菌,首先将报纸裁剪成宽为5 cm左右的长条,其中一端折成长度约为4 cm的双层区域。然后将移液管尖端放在双层区域上,使移液管和纸条夹角保持在30°~40°,滚卷移液管,使纸条呈螺旋状包裹住移液管,并让纸条留有一定长度用于打结,防止纸条散开,并标记移液管容量。最后将多支包扎好的移液管用报纸或牛皮纸包扎成捆后再进行灭菌。

（3）试管和锥形瓶

根据尺寸不同,试管可分为大试管、中试管、小试管。大试管和中试管可用于制作斜面培养基、盛放液体培养基、稀释菌悬液或微生物振荡,小试管主要用于细菌发酵实验。锥形瓶多用于盛放培养基、摇瓶发酵液和生理盐水等。

在灭菌之前,要在试管口或锥形瓶瓶口盖上硅胶塞或制作的棉塞(一般来说硅胶塞的透气性不如棉塞)。棉塞可以阻挡空气中的微生物进入容器内,起到一定过滤作用。棉塞要紧贴玻璃内壁,无缝隙,松紧合适,过紧不易塞入或损坏管口,过松容易脱落和污染。棉塞的直径和长度一般由试管口或锥形瓶瓶口大小而定,棉塞长度不小于管口直径的两倍。制作棉塞时将3/5~2/3的棉塞塞入口(试管口或锥形瓶口)内。

① 根据口大小,取普通棉花(非脱脂棉)制作棉塞,使其大小适合试管口或锥形瓶瓶口。

② 将棉花展开成近似方形,使其中间偏厚,四周较薄。

③ 将近似方形的棉花的一角向内折起,则其呈现五边形。

④ 将五边形下边的一角折叠卷成圆柱状,注意使柱状内棉花紧实些。

⑤ 在呈圆柱状棉花的基础上,将左边一角向内折叠后继续卷折棉花,然后将棉塞外的棉絮缠绕在棉塞上,使棉塞外部平整圆润。

洗净烘干的试管加塞后,可以单独包扎,也可用皮筋包扎成捆后用报纸或牛皮纸包住试管,再用皮筋扎紧。如果成捆的试管中间有部分试管易滑落,可以先用皮筋将易滑落的中间位置的试管和其旁边的试管捆好后再进行包扎成捆。

洗净烘干的锥形瓶加塞后,用报纸或牛皮纸包好,再用皮筋捆紧,保证瓶塞被完全包裹住。

4. 牛肉膏蛋白胨培养基的配制

固体培养基配方:牛肉膏 0.3 g,蛋白胨 1 g,NaCl 0.5 g,琼脂 1.5~2.0 g,水 100 mL,pH 为 7.2~7.4。

液体培养基配方:同上述固体培养基配方,不添加琼脂即可。

配制方法如下:

（1）配制溶液

取一定量自来水(或蒸馏水)并置于烧杯中,根据实际用量按培养基配方称取各药品,逐一加入烧杯中。牛肉膏是黏稠状液体,可用小烧杯称量,也可用称量纸称量。用称量纸称量后,即放入水中。待加热,稍微搅拌后牛肉膏便会与称量纸分离,再立即取出称量纸。

（2）加热溶解

制备固体培养基时,将烧杯放在石棉网上,用小火加热,并不断搅拌,加速药品和琼脂溶解,然后在烧杯中加水至配制培养基所需的量。

（3）调节pH

用pH试纸检测培养基的pH，若培养基呈偏酸性，则用1 mol/L NaOH溶液调节pH至7.2~7.4。

（4）过滤

可用纱布或滤纸过滤。但对于一般使用的培养基，该步骤可以省略。

（5）分装

将配制好的培养基分装于相应的玻璃器皿内，等待灭菌。若分装于锥形瓶内，锥形瓶内培养基的装量不超过总容积的3/5，装量过多易导致灭菌过程中培养基因沸腾污染棉塞或导致瓶内培养基染菌。若分装于试管内，制作斜面培养基时，其装量不应超过试管高度的1/5。分装时使用加液器让培养基一次流入试管内，防止培养基沾到试管口造成棉塞染菌。

（6）加塞

锥形瓶和试管口都应塞上普通棉花制作的棉塞。棉塞要求不松不紧，两头光滑，四周紧贴管壁，无缝隙，防止杂菌进入并利于通气。加塞时，使棉塞的3/5塞入瓶口或试管口，以防棉塞脱落。加塞后，在锥形瓶棉塞外包上双层报纸或者一层牛皮纸，防止灭菌时冷凝水沾湿棉塞及存放过程中尘埃污染。若分装试管，先用皮筋把试管10支一捆扎起来，防止捆内试管脱落，再在成捆的试管的棉塞外包上双层报纸或者一层牛皮纸，用皮筋缠紧。

5. 高氏1号培养基的配制

固体培养基配方：可溶性淀粉 20 g，KNO_3 1 g，NaCl 0.5 g，$K_2HPO_3 \cdot 3H_2O$ 0.5 g，$MgSO_4 \cdot 7H_2O$ 0.5 g，$FeSO_4 \cdot 7H_2O$ 0.01 g，琼脂15~20 g，水1000 mL，pH为7.4~7.6。

液体培养基配方：同上述固体培养基配方，不添加琼脂即可。

配制方法如下：

（1）先用少量冷水将可溶性淀粉溶解调成糊状，再加少于总用量的水，用小火加热，边加热边搅拌，待完全溶解后，依次加入其他药品，待所有药品溶解后再加水补足至1000 mL。

（2）配制固体培养基和液体培养基的其他步骤同牛肉膏蛋白胨培养基配制过程。

6. PDA培养基的配制

培养基配方：马铃薯（去皮）200 g，葡萄糖（或者蔗糖）20 g，琼脂15~20 g，水1000 mL，自然pH。

配制方法如下：

（1）马铃薯去皮后，切成小块，加水煮30 min左右，用玻璃棒将马铃薯块捣碎并不断搅拌。然后用双层纱布过滤。

（2）在滤液中加葡萄糖（或者蔗糖），加水至1000 mL，自然pH。培养酵母菌用葡萄糖，培养霉菌用蔗糖。

（3）其他步骤同牛肉膏蛋白胨培养基配制过程。

7. 灭菌

将包扎好的培养基放入灭菌锅内，设置温度为121 ℃，维持20 min左右。

8. 斜面的制作

灭菌完成后,如需制作斜面试管培养基,应在培养基冷却至50~60 ℃时,将试管口放在高度适宜的物体上或玻璃棒上,静置,斜面长度不得超过试管总长的1/2。

9. 倒平板

在超净工作台上,尽量靠近酒精灯的火焰处,右手握住锥形瓶底部,再用左手小指和无名指拔出锥形瓶棉塞并夹住,立即将瓶口周缘过火,然后用左手拇指和食指开启最上层培养皿皿盖,使其露一缝,将锥形瓶中的培养基倒入培养皿中,半盖上皿盖,将其移至水平处冷凝后,盖上皿盖备用。

10. 无菌检查

将灭菌的培养基放入37 ℃恒温箱中培养24~48 h,无菌生长即证明灭菌彻底,可以使用。

【实验结果】

记录所配培养基名称、配方、配制步骤和灭菌条件。

【注意事项】

(1) 在琼脂溶解过程中,要不断搅拌,防止琼脂溢出或糊底。

(2) 牛肉膏和蛋白胨很容易受潮,称完药品应及时盖紧瓶盖。

(3) 严格按照配方称量各种药品,按照步骤和灭菌要求配制培养基。不同培养基灭菌的条件不同,注意区别。

(4) 配制高氏1号培养基时,对于$FeSO_4 \cdot 7H_2O$,可以先配制成高浓度的储备液再进行取用。方法是在1000 mL水中加入10 g $FeSO_4 \cdot 7H_2O$,制成0.01 g/mL的储备液,取该储备液1 mL加入到培养基中。

【思考题】

(1) 培养微生物的培养基需要具备哪些营养和物理化学条件?

(2) 培养基配好后,为什么必须立即灭菌?

(3) 配制培养基的基本步骤是什么?

实验8 微生物的分离与纯化

【实验目的】

(1) 学习并掌握从环境中分离、培养微生物的方法。

(2) 掌握无菌操作基本环节和常用的分离与纯化技术。

【实验概述】

环境中的微生物数量和种类繁多,并且混杂在一起,可以将其作为生物资源进行开发和利用。将某一种或某一株微生物从混杂的微生物群体中分离提取出来的过程称为微生物的分离与纯化。因此,微生物的分离与纯化技术是研究微生物的基本技术之一。微生物分离与纯化可以分为两个水平:一个是细胞水平的纯化,另一个是菌落水平的纯化。菌落水平的分离与纯化效果好,且比细胞水平易操作,所以在环境领域中使用得较多。菌落水平的分离与纯化有平板划线法、涂布平板法和浇注平板法等。分离与纯化的基本原理主要是选择适合于目标微生物的生长条件,如营养比例、酸碱度、温度等,也可以加入某种抑制剂使环境只利于目标微生物生长,而抑制其他微生物生长。同时,微生物在固体培养基上通常会生长成肉眼可见的单个菌落。此菌落是由同一个细胞繁殖而成的集合体,因此只要通过挑取单菌落就可以得到纯培养的菌株。

【实验材料】

1. 实验样品

活性污泥。

2. 培养基与试剂

牛肉膏蛋白胨培养基、牛肉膏蛋白胨斜面培养基、无菌水。

3. 实验器材

试管、无菌玻璃涂布棒、无菌移液管、无菌培养皿、接种环、酒精灯、恒温培养箱等。

【实验步骤】

1. 制备活性污泥悬液

在超净工作台中,称取 10 g 活性污泥,放入装有 90 mL 无菌水的锥形瓶中,用封口膜封口。置于室温振荡器上,振荡 10 min。使污泥颗粒均匀分散,此溶液即稀释度为 10^{-1} 的活性污泥悬液。

2. 制备活性污泥稀释液

在超净工作台上,另取 6 支装有 9 mL 无菌水的试管,用记号笔分别编号 10^{-2}、10^{-3}、10^{-4}、10^{-5}、10^{-6}、10^{-7},然后依次放在试管架上。将制备好的 10^{-1} 的活性污泥悬液静置 30 s 后,打开封口膜,用微量移液器吸取 1 mL 后盖上封口膜。然后将吸取的活性污泥悬液注入编号为 10^{-2} 的装有无菌水的试管中,此即稀释度为 10^{-2} 的活性污泥稀释液。接着按照前面的方法从编号为 10^{-2} 的试管中吸取 1 mL 稀释液,加入编号为 10^{-3} 的无菌水试管中,混匀后制成 10^{-3} 的活性污泥稀释液。继续上述操作,依次制成 10^{-4}、10^{-5}、10^{-6} 和 10^{-7} 稀释度的活性污泥稀释液。

3. 分离微生物

(1) 稀释涂布平板法

① 倒平板

方法同实验7中的"倒平板"。

② 涂布

将无菌平板分别编号 10^{-5}、10^{-6}、10^{-7},用无菌吸管按无菌操作要求吸取 10^{-5} 稀释度的活性污泥稀释液 1 mL 放入编号 10^{-5} 的平板中,用相同方法吸取 10^{-6} 稀释度的稀释液 1 mL 放入编号为 10^{-6} 的平板中,再吸取 10^{-7} 稀释度的稀释液 1 mL 放入编号为 10^{-7} 的平板中。再用无菌玻璃涂棒将稀释液在平板上轻推涂抹均匀,每个稀释度的稀释液用一个灭菌玻璃涂棒,更换稀释液时要将玻璃涂棒灼烧灭菌。用石蜡膜在平板上下盖边缘缠绕,将平板密封完整。

③ 培养

将密封好的平板放于 28～30 ℃条件下倒置培养 24～48 h。

④ 挑菌落

在无菌环境中将培养后生长出的单个菌落分别用接种环挑取少量细胞,划线接种到平板上,在 28 ℃条件下培养 24～48 h 后,再次挑单菌落、划线并培养,检查其特征是否一致。同时将细胞涂片染色后用显微镜检查其是否为单一的微生物。如有需要,重复分离、纯化,直到获得纯培养物。

(2) 平板划线法

① 倒平板

方法同实验7中的"倒平板"。

② 划线

在近火焰处,左手拿皿底,右手拿接种环。用接种环分别取一环稀释度为 10^{-5} 和 10^{-6} 的活性污泥稀释液,在平板培养基上划线。通过划线将样品进行稀释,使之形成单个菌落。常用的划线方法有下列两种(图8.1):

a. 用接种环以无菌操作技术挑取活性污泥稀释液一环,先在平板培养基的一边进行第一次平行划线(3~4条),在酒精灯上烧去接种环上的参与菌群,再转动平板约70°角。待接种环冷却后通过第一次划线部分进行第二次平行划线,然后再转动平板约70°角。重复上述操作,用灼烧后的接种环通过第二次划线部分进行第三次划线。用同样方法进行第四次划线。注意第四次划线不要与第一、二次划线有任何相交的地方。划线完毕后,盖上平板盖,缠好封口膜之后,于28~30 ℃条件下倒置培养24~48 h。

b. 用接种环以无菌操作技术挑取土壤稀释液一环,在平板培养基上进行连续分区划线。划线完毕后,盖上平板盖,缠好封口膜,于28~30 ℃条件下倒置培养24~48 h。

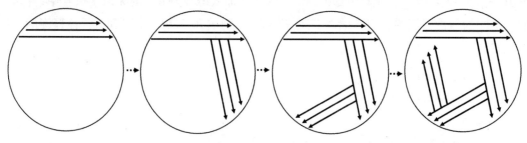

图8.1 平板划线法

③ 培养观察

培养完成后,取出平板,观察细菌的菌落特征。

④ 挑菌落

将培养后生长出的单个菌落,分别挑取少量细胞划线接种到平板上。在37 ℃恒温箱中倒置培养24~48 h后,再次挑取单菌落、划线并培养,检查其特征是否一致。同时将细胞涂片染色后用显微镜检查其是否为单一的微生物。如果发现有杂菌,要进一步分离、纯化,直到获得纯培养。

【实验结果】

记录并从以下几个方面描绘平板纯种分离培养、斜面接种的微生物生长情况和菌落特征:

(1) 菌落大小(mm)。

(2) 形状:圆形、不规则形、放射状等。

(3) 表面:光滑、粗糙、圆环状、乳突状等。

(4) 边缘:整齐、波形、锯齿状等。

(5) 颜色:有无颜色。

(6) 透明度:透明、半透明、不透明。

【注意事项】

（1）取不同稀释度的活性污泥悬液时，要更换无菌吸管或者移液器的吸头，以免造成稀释度混乱。

（2）使用接种环划平板培养基时，划线时的环口与平板间的夹角宜小些，动作要轻柔，以防划破平板培养基表面。

【思考题】

（1）如何确定平板上某单个菌落是否为纯培养？请写出实验的主要步骤。

（2）从活性污泥中分离微生物，为什么要稀释活性污泥悬液？

（3）平板培养时，为什么要将平板倒置？

实验9 接种与无菌操作技术

【实验目的】

(1) 了解无菌操作技术和无菌操作概念。

(2) 掌握几种常用接种方法。

【实验概述】

在微生物的研究应用中要想得到纯培养物,除了要进行分离与纯化的操作之外,还需要无菌环境以及无菌操作技术。无菌环境是指人们通过理化手段使微生物数量降至最少(接近无菌)的一种环境。在微生物实验室中,常见的无菌环境有酒精灯火焰附近的空间、超净工作台内的空间、无菌室内的空间等。无菌操作是指在微生物实验中所采取的预防杂菌污染的一切操作措施,主要包括创造无菌环境、使用无菌器材和遵循无菌操作规范等。这两者是保证微生物学研究正常进行的关键。无菌操作技术是微生物实验的必备基础技能。在微生物接种过程中需要全程保持无菌操作环境,操作动作要规范,避免污染。超净工作台或无菌室内的空气可在使用的前一段时间内,用紫外光灯或化学药剂灭菌。

酒精灯在微生物学领域中是进行加热和无菌操作的有效工具。酒精灯火焰可以杀灭空气中降落的或气流中携带的微生物,在火焰附近产生一个小范围的无菌环境。在进行转接操作时,将试管口或平板放在外焰周围,进行培养物的移转,能够防止培养物的污染。作为加热装置,可用酒精灯灼烧接种工具。接种前,将经过灼烧的接种工具伸入试管中冷却,可避免带入杂菌。接种后,将使用过的接种工具放在火焰(内焰与外焰之间)上灼烧灭菌,则可消除培养物对环境的影响。

超净工作台是一种提供高洁净度工作环境的设备。在工作台工作空间上方或侧面顶端通常装有照明灯和紫外灯。空气经过滤器过滤除菌后,进入超净台工作空间形成高度洁净的垂直单向空气流。当洁净空气以一定流速通过工作区时,可将尘埃和生物颗粒带走,从而形成无尘无菌的工作环境。使用超净工作台时,应注意提前30 min打开紫外灯,启动风机。在超净工作台工作区域内进行实验操作之前,关闭紫外灯,打开照明灯。净化区内尽量少放物品,保持气流畅通。实验结束后,用75%酒精擦拭超净工作台台面和区域侧壁。定期(每个月一次)检测风速,使其保持在0.32~0.48 m/s。若加大风机电压也不能获得所需的风速,则需要更换高效过滤器。

接种是将微生物培养物或含有微生物的样品移植到培养基上的操作过程。接种技术是微生物学实验及研究中的一项最基本的操作技术。根据不同的实验目的及培养方式,可以采用不同的接种工具和接种方法。常用的接种工具有接种针、接种环、接种铲、无菌玻璃涂棒、无菌移液管和无菌移液器等。接种环和接种针一般采用易迅速加热和冷却的镍铬合金等金属制备,使用前用火焰灼烧灭菌。常用的接种技术有固体接种技术、液体接种技术和穿刺接种技术等。

【实验材料】

1. 菌种

大肠杆菌、枯草芽孢杆菌。

2. 培养基与试剂

牛肉膏蛋白胨斜面培养基、牛肉膏蛋白胨液体培养基、牛肉膏蛋白胨半固体培养基、75%酒精溶液。

3. 实验器材

超净工作台、接种环、接种针、无菌吸管、酒精灯、培养箱、摇床等。

【实验步骤】

1. 实验前的无菌环境准备

（1）提前30 min打开超净工作台的紫外灯和风机,对操作空间进行灭菌处理。

（2）核对所需的实验器材,检查无菌物品的保存状况。

（3）关闭紫外灯,将所需的实验器材一次性带入,安放在无菌室台面上,依次排好。

2. 斜面接种

（1）接种前将桌面擦净,将所需物品整齐有序地放在桌上。

（2）点燃酒精灯。

（3）手持试管。将菌种与待接种斜面的两支试管用左手拇指、食指、中指及无名指握住,菌种管在前,接种管在后,使中指位于两支试管之间,斜面向上管口对齐,应斜持试管呈45°角。

（4）准备接种环。右手持接种环柄,在火焰上灼烧接种环的镍铬丝部分,直至烧红,以达到灭菌目的。然后将除手柄之外的金属杆全用火焰灼烧一遍,尤其是接镍铬丝的螺口部分,要彻底灼烧以免灭菌不彻底。

（5）拔出试管塞。用右手的小指拔出试管塞,将试管口在火焰上通过。试管塞应始终夹在手中,如掉落应更换无菌棉塞。

（6）取菌和接种。将灭菌的接种环插入菌种管内,先接触在无菌苔生长的培养基或管壁上,冷却后从斜面上刮取少许菌苔并取出,在火焰旁迅速插入待接种斜面接种管,在试管中由下往上进行"S"形划线。

（7）盖回试管塞。接种完毕,取出接种环,火焰稍微灼烧试管口并迅速塞上试管塞。

（8）灼烧接种环。将使用过的接种环仔细灼烧后，放回原处。

（9）标记。将接种管贴好标签或用记号笔标记后再放入试管架，即可放入恒温培养箱进行培养。

3. 液体接种

（1）从固体培养基向液体培养基中转接。操作方法与斜面接种相似。取菌之后接种时，使液体培养基管口稍朝上，防止培养基流出。将蘸取菌体的接种环伸入液体培养基后，环端与试管内壁轻轻摩擦碰触，使菌体落入液体培养基中，塞上塞子，将试管轻轻振荡以便菌体均匀分散开。

（2）从液体菌种向液体培养基转接。可用接种环进行接种，也可使用无菌的移液管或微量移液器接种。在酒精灯火焰周围的无菌操作区内，拔出试管塞，迅速将管口和塞子过火，用无菌的移液管或微量移液器吸取少量菌液移入新鲜液体培养基中，再将塞子和管口过火，塞紧塞子，充分混匀。微生物的工程化应用和藻类的培养过程中，常使用本方法。

4. 穿刺接种

穿刺接种法是用挑取少量菌苔的接种针刺入半固体培养基中进行培养的一种接种方式。该方法主要用于细菌和酵母菌的培养，多用于观察细菌的运动能力，也用于菌种保存方面。

（1）取菌。操作方法与斜面接种相同。

（2）接种。在无菌区域内，用右手无名指和小指拔出试管塞，左手将试管竖直倒置，接种针从培养基中央插入至距离管底 $1\sim1.5\ cm$ 处，然后垂直拔出接种针，管口与试管塞过火，塞上试管塞。

（3）接种完成后的操作方法同斜面接种。

（4）培养。将接种后的试管置于 $37\ ℃$ 恒温箱中培养 $24\ h$，观察并记录穿刺情况。

【实验结果】

拍照记录斜面接种、液体接种和穿刺接种的微生物生长情况和培养特征。

【注意事项】

（1）使用酒精灯时，注意安全使用事项，不可用酒精灯引燃另一个酒精灯。使用时要远离易燃物，如包扎器皿使用的纸和棉线等。

（2）使用接种环进行斜面接种时，注意尽量轻柔，不要划破培养基表面。

（3）穿刺接种时，接种针要拉直，培养基不可被穿透，穿刺时接种针也不能左右摆动。

【思考题】

（1）微生物接种时，如何避免被外界环境中的微生物污染？

（2）斜面接种时，接种环将培养基表面划破，会造成什么结果？

实验10　浮游植物的测定——0.1 mL计数框-显微镜计数法

【实验目的】

(1) 了解地表淡水浮游植物密度的测定原理。

(2) 学习使用浮游植物计数框进行藻类细胞计数的方法。

(3) 掌握0.1 mL计数框-显微镜计数法。

【实验概述】

地表水中浮游植物通常指的是浮游藻类,分布广泛,种类也较多。藻类属于水体中的重要初级生产者,是水体中溶解氧的主要供应者,个体在大小和结构上差异很大,大多数只能在光学显微镜下才可以观察到。藻类结构简单,没有根、茎、叶的分化,细胞内含有叶绿素等色素,能进行光合作用。藻类以单细胞的个体和群体形式存在,群体通常是若干个体以胶质相连,大小以微米(μm)计。水体中许多鱼、虾、贝都以藻类为食物,藻类的多少直接影响它们的产量,并最终影响人类副食的供应。同时,由于人类活动及生活污水和工业废水等的排放,水体中的氮、磷含量急剧增加,导致某些藻类疯长,形成水华。这些藻类的大量繁殖使水体变色、变味,藻细胞死亡产生难闻的气味,甚至有的水华藻类如铜绿微囊藻还产生对人、畜有害的毒素——微囊藻毒素。因此,在检测和评价江河、溪流、湖泊、水库等水体的水质时,浮游植物是常见的水生生态调查的指标。

浮游植物的检测,通常可以分为定性分析和定量分析。定性分析不统计浮游植物的细胞数量和密度,只关注物种种类。定量分析既关注浮游植物的物种组成,又统计每个物种的细胞数量和生物量。通过浮游植物的测定,我们可以了解水体中浮游植物的物种组成、物种数,可以定量分析浮游植物的细胞密度、生物量,还可以通过计算水体的生物指数判断水体的富营养化状态。

【实验材料】

1. 实验样品

自然水体水样。

2. 试剂

(1) 实验用水:新制备的去离子水或蒸馏水。

（2）甲醛溶液：$w(HCHO)=37\%\sim40\%$。

（3）鲁哥氏碘液：称取 60 g 碘化钾（KI），溶于 100 mL 水中，再加入 40 g 碘（I_2），充分搅拌使其完全溶解，加水定容至 1000 mL，转移至棕色磨口玻璃瓶，室温避光保存。

3. 仪器设备

（1）25 号浮游生物网：网孔直径为 0.064 mm，网呈圆锥形，网口套在铜环上，网底端有出水开关活塞。

（2）定性采样瓶：30～100 mL 广口聚乙烯瓶。

（3）采水器：不锈钢或有机玻璃材质，圆柱形。容量和深度规格要满足采样要求。

（4）定量采样瓶：1～2 L 广口聚乙烯瓶。

（5）正置或倒置生物显微镜：物镜 4×、10×、20×、40×，目镜 10× 或 15×。

（6）浓缩装置：1～2 L 筒形分液漏斗或量筒。

（7）样品瓶：50 mL 具塞棕色玻璃广口瓶。

（8）超声波发生装置：工作频率为 40 kHz，水浴方式。

（9）微量可调移液器：100 μL。

（10）0.1 mL 浮游植物计数框：面积为 20 mm×20 mm，框内划分横竖各 10 行格，共 100 个小方格（图 10.1）。

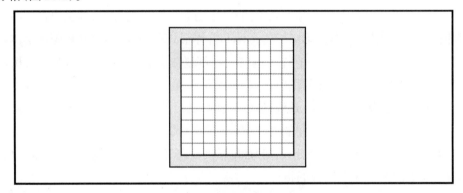

图 10.1　浮游植物计数框

（11）盖玻片：面积为 20 mm×20 mm，厚度小于 0.2 mm。

（12）计数器。

【实验步骤】

1. 样品的采集

（1）定性样品

使用 25 号浮游生物网采集定性样品。关闭浮游生物网底端出水活塞开关，在水面表层至 0.5 m 深处以 20～30 cm/s 的速度做"8"形往复，缓慢拖动 1～3 min；待网中明显有浮游植物进入，将浮游生物网提出水面，网内水自然通过网孔滤出；待底部还剩少许水样（5～10 mL）时，将底端出口移入定性采样瓶中，打开底端活塞开关收集定性样品。采集分层样品时,用25号浮游生物网过滤特定水层样品,其他步骤同采集表层样品。定性样品采集完成后及时将浮游生物网清洗干净。样品采集后,4 ℃冷藏避光运输。

（2）定量样品

用采水器采集1000 mL样品至定量采样瓶中。定量样品采集后,样品瓶不应装满,以便摇匀。

2. 样品的保存

（1）定性样品

定性样品采集后立即加入鲁哥氏碘液,用量为水样体积的1.0%～1.5%。镜检活体样品不加鲁哥氏碘液固定。定性样品在室温避光条件下可保存3周;1～5 ℃冷藏避光条件下可保存12个月。活体样品在4～10 ℃避光条件下可保存36 h。

（2）定量样品

定量样品采集后立即加入鲁哥氏碘液固定,用量为水样体积的1.0%～1.5%。也可将鲁哥氏碘液提前加入定量采样瓶中带至现场使用。定量样品在室温避光条件下可保存3周;1～5 ℃冷藏避光条件下可保存12个月。

3. 分析步骤

（1）混匀样品

每次取样前,采用上下颠倒至少30次的方式充分混匀所采样品,混匀动作要轻。

（2）样品分析

对于定性样品的分析,在显微镜下观察定性样品,鉴定浮游植物的种类。优势种类鉴定到种,其他种类至少鉴定到属。

对于定量样品的分析,具体有以下步骤:

① 样品浓缩

将全部定量样品摇匀倒入浓缩装置中,避免阳光直射的环境下,静置48 h。用细小虹吸管吸取上清液置于烧杯中,直至浮游植物沉淀物体约50 mL,将浮游植物沉淀物倒入100 mL量筒中。用少许上清液冲洗浓缩装置1～3次,将冲洗水一并放入量筒中,再用上清液定容至所需浓缩倍数的体积。为了减少浮游植物吸附在浓缩装置壁上,在静置初期,应适时轻敲浓缩装置器壁。虹吸过程中,吸液口与浮游植物沉淀物间距离应大于3 cm。浓缩后的样品可根据需要,经超声处理后计数。

② 超声波分散处理

对于含有细胞聚集成团的浮游植物样品,当不满足以下两个条件中的任何一个时,应进行超声波分散处理:

a. 群体中的浮游植物细胞个体较易被辨识,能够对群体中的细胞进行计数。

b. 当群体中所含细胞数量与群体体积或长度有固定比例时,如空星藻、盘星藻、丝状藻等,可以将群体作为计数对象,依据比例得到浮游植物细胞数量。

③ 样品稀释

根据稀释倍数,选取相应体积的容量瓶,量取不少于25 mL混匀后的定量样品或经超声分散处理后的样品,用水定容至刻度。如要保存稀释后的样品,应注意补充鲁哥氏碘液,使稀释后的样品中的鲁哥氏碘液浓度与稀释前一致。

④ 显微镜计数

a. 装片

用移液器定量吸取0.1 mL混匀样品,注入浮游植物计数框中,盖上盖玻片,静置片刻,无气泡后可观察样品。

b. 计数

常用的计数方式有视野计数法、行格计数法、对角线计数法和全片计数法等。下面重点介绍前三种方法。

视野计数法:在40×物镜下,计数的视野数目应根据浮游植物的数量来确定,一般为100～500个视野,使所得计数值在300以上。

行格计数法:在40×物镜下,逐一观察浮游植物计数框中第2、5、8行(图10.2),共30个小方格,分类计数每个小方格内所有浮游植物细胞,并记录每个小格的分类计数结果。若浮游植物细胞体积较大时,可降低物镜倍数。

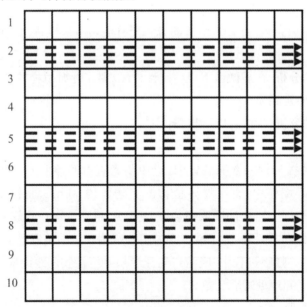

图10.2　行格计数法

对角线计数法:在40×物镜下,逐一观察位于浮游植物计数框对角线位置上的10个小方格(图10.3),分类计数每个小方格内所有浮游植物细胞,并记录每个小格的分类计数结果。若浮游植物细胞体积较大时,可降低物镜倍数。

计数要求如下:

每一样品装片计数两次。两次浮游植物细胞总计数结果相对偏差应在15%以内,否则应增加一次计数,直至某两次计数结果符合这一要求为止。测定结果为相对偏差在15%以内的两次计数结果的平均值。

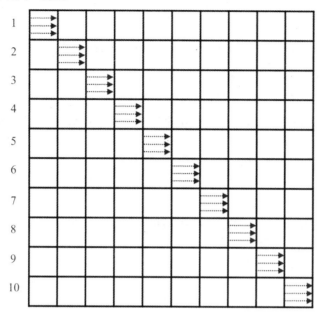

图10.3　对角线计数法

【实验结果】

样品中浮游植物的细胞密度,按照下式进行计算:

$$N_i = \frac{A}{A_c} \times \frac{n_i}{V} \times \frac{V_1}{V_0} \times 1000 \tag{10.1}$$

式中,N_i为样品中某个种类浮游植物的细胞密度,cells/L;A为计数框面积,mm²;A_c为计数面积,当计数方式为对角线、行格和全片时,计数面积分别为$A/10$、$3A/10$和A,当计数方式为视野时,计数面积为总视野面积,mm²;n_i为显微镜观察计数的某个种类浮游植物细胞数(计数个体数),cells;V为计数框容积,mL;V_1为稀释或浓缩后的试样体积,mL;V_0为稀释或浓缩前的样品体积,mL;1000为体积换算系数,mL/L。

将实验结果记录于表10.1中。

表10.1　实验结果

采样体积 V_0(mL)			
浓缩后样品体积 V_1(mL)			
计数面积 A_c(mm²)			
放大倍数:	样品名称:		采样时间:
物种名称	计数个体数 n_i(cells) (以"正"字记录)	小计(cells)	细胞密度 N_i (cells/L)
物种1			
物种2			
物种3			
……			

【注意事项】

(1) 若样品需长期保存,应加入甲醛溶液,用量为水样体积的4%。

(2) 超声波分散处理具体步骤如下:取混匀的定量样品并置于样品瓶中,用超声波发生装置处理约10 min后,在显微镜下观察,如仍存在大量未分散的细胞团,则应延长超声波处理时间,直至能够准确计数。超声波分散处理过程中应注意水温,防止过热造成水分蒸发和浮游植物细胞结构被破坏。

【思考题】

(1) 查阅资料并结合观察结果,阐述常见淡水浮游植物的门类。

(2) 试简述浮游植物生物量和细胞密度的关系。

实验11　淡水着生藻类的测定

【实验目的】

(1) 了解地表淡水着生藻类水生态监测的主要内容和方法。

(2) 掌握着生藻类的采样方法,掌握0.1 mL计数框-显微镜计数法。

【实验概述】

着生藻类是生长在浸没于水中的各种基质表面上的微型藻类植物。同一种藻,在不同的时间或空间上,可以具有不同身份,即浮游藻类可以底栖生活,着生藻类也可以浮游生活。但绝大多数种类常特征性地出现在一种生境中。从外观上看,着生藻类群落为附着于水下各种基质表面的絮状物或为一层黏质、褐绿色的藻垫。如果沿垂直于基质表面的方向对底栖藻类群落所形成的藻垫纵切,则发现着生藻类群落可大体上分为两层:上层多为丝状、链状群体或带胶质柄的单细胞,他们与基质的接触面积最小;下层则多为无胶质柄的单细胞藻类或匍匐生长的群体。根据基质的不同,着生藻类可分为附石藻类、附植藻类、附砂藻类、附泥藻类和附动藻类等。淡水中着生藻类以硅藻门为主,其次是绿藻门、蓝藻门、隐藻门和裸藻门等的藻类。着生藻类作为水生生态系统中的重要组成部分,能吸收水体中大量的氮磷营养,对维持水体的物质代谢和生态平衡起到举足轻重的作用。

【实验材料】

1. 实验样品

自然水体。

2. 试剂

(1) 实验用水:新制备的去离子水或蒸馏水。

(2) 甲醛溶液:$w(HCHO)=37\%\sim40\%$。

(3) 鲁哥氏碘液:60 g碘化钾溶于少量水中,待完全溶解后,加入40 g碘,摇动至碘完全溶解,加蒸馏水定容到1000 mL,保存于磨口棕色试剂瓶中。可加入5%冰醋酸,以防止藻类收缩变形。

(4) 甘油(丙三醇)。

(5) 浓盐酸:市售,浓度为$36\%\sim38\%$。

（6）浓硝酸：市售，浓度为68％。

（7）过氧化氢：30％水溶液。

（8）封片胶（Naphrax）：一种折射率为1.73的合成树脂，作为硅藻壳封固剂。

（9）加拿大树胶。

3. 仪器设备

（1）采样器：应根据生境条件选择合适的采样工具。常见的采样工具包括硬质毛刷或硬毛牙刷、镊子、刮刀、抹刀、不锈钢勺、剪刀、硅藻计、载玻片、搪瓷盘、注射器、透明管、筛绢网兜（孔径为0.064 mm）、洗瓶、三角漏斗、培养皿、移液器、毛细管、自封袋。

（2）样品瓶：塑料材质样品瓶，50 mL、100 mL、500 mL。

（3）其他采样设备：冷藏箱、铅笔、记号笔、防水标签纸、现场记录表。

（4）实验室处理：水浴锅、移液器、烧杯、天平、试管（带塞）、试管夹、试管架、防酸手套、离心机、离心管、振荡器、微波消解仪、加热板。

（5）硅藻封片：

载玻片：规格76 mm×26 mm，厚0.8～1.2 mm。

盖玻片：方形边长18～22 mm，圆形直径12～16 mm。

其他：胶头滴管、镊子、加热板、标本盒。

（6）实验室分析：

生物显微镜：配备10×、20×、40×、100×（油镜）物镜及10×、15×目镜的光学显微镜。

0.1 mL计数框。

其他：镊子、100～200 μL移液器、胶头滴管、计数器等。

【实验方法】

1. 采样位置选择

着生藻类采样通常在河流采样点位上下游50 m的河段范围内开展；若对湖泊的着生藻类进行监测，宜在可涉水湖滨带开展；在无可涉水河岸的河流或存在明显消落带的水库可考虑在监测点位采用人工基质进行硅藻样品采集。

通常情况下，所选采样生境应满足以下微环境条件：

（1）采样位置应有良好的光照条件，避免在有阴影或树荫遮挡的区域采样。

（2）采样基质应在水中浸没足够长的时间，以确保着生藻类群落发育至与其环境保持平衡。建议浸没至少15 d，但具体时间取决于基质表面生物膜生长情况。

（3）对可涉水河段，尽量靠近河道中泓采样，以避免收集到临时排污物；对不可涉水的河段及湖（库），可在可涉水的河岸带或湖（库）滨带采样。

（4）采样位置应尽量远离河流汇入口或入湖河流及明显人为干扰区域；湖泊着生藻类采样应在与湖区有水体交换的湖滨带设点，避免在封闭湖湾采样，除非以监测其生态状况为目的。

2. 采样方法

采用单一生境法,即选择采集同一基质类型的样品。着生藻类可以在大多数水下基质表面生长,其群落组成因其附着基质而异。在保证采样安全的前提下,建议在河床或湖滨带优先选择天然存在的可从水中移出的坚硬基质(如卵石、砾石和岩块等)。其次,可对码头和桥墩等稳定的人造基质的垂直面进行取样,取样区域应为基质水下非木质结构部分;或选择其他人造基质的硬表面取样,如瓷砖、砖块、人造石板等。若调查河段无法满足上述两类采样基质,则选择从沉水植物或挺水植物的水下部分采集。需保证以上基质已经在水中浸没足够长的时间(至少15 d),以确保基质表面着生藻类群落发育稳定。

(1)原位基质法

① 天然坚硬基质

一般来说,卵石(64~256 mm)是取样的首选基质,其满足了采样所要求的基质稳定性和可操作性;也可以使用砾石和岩块。将采集获得的基质在水中轻轻晃动,以清除松散附着的表面污染物(如泥沙、有机碎屑和死亡生物个体),将基质从水中取出并置于洁净搪瓷盘中,用装有蒸馏水或无藻水的洗瓶轻微冲洗基质表面以清除基质表面松散泥沙,使用干净的硬质毛刷或者硬毛牙刷用力刮刷基质表面30 s以上,至基质表面无肉眼可见的生物着生印迹。刮刷过程中用洗瓶冲洗基质表面,将刷取获得的着生藻类生物膜收集于搪瓷盘中。最终将盘中褐色浑浊液完全收集于样品瓶中,并用少量蒸馏水或无藻水冲洗搪瓷盘并收集于样品瓶中;在样品瓶上贴上与样品相关的详细标签。

② 人造稳定基质

在缺少天然坚硬基质的情况下,可利用人造稳定基质(如桥墩、板柱、码头、堤坝处)进行采样,避免选择木质人造基质。可采用带筛绢网兜的长柄刮刀对这类基质垂直面进行采样,采样前先用刮刀搅动采样面附近水体,以清除松散附着的表面污染物(如泥沙、有机碎屑和死亡生物个体);用刮刀反复多次刮擦载体表面以获取着生藻类,取样面积至少100 cm²。采样完成后,用洗瓶将黏附在刀刃上和网兜内的生物膜冲洗到搪瓷盘中并收集至样品瓶中;在样品瓶上贴上与样品相关的详细标签。

对于其他可移出水面的人造基质(如瓷砖、砖块、人造石板等)的硬表面可参考天然坚硬基质方法进行采样。

③ 水生植物载体

采集至少5株沉水植物或截取挺水植物水下茎部分,在水中轻轻晃动以清除松散附着的表面污染物后放入密封袋或容器中,加入蒸馏水或无藻水后通过剧烈振荡、搅拌或揉拭来获取附着其表面的着生藻类,从袋中取出大型植物,将袋中的液体装入样品瓶中。若截取的挺水植物水下茎部分足够坚硬,可使用天然坚硬基质方法进行采样。对于大型丝状藻,可将其置于搪瓷盘中,轻轻揉拭、挤压,将获取的悬浊液收集在样品瓶中。将上述获得的样品瓶贴上与样品相关的详细标签。

经采样的水生植物若能现场辨识,则记录该植物种类和生长生境。

④ 其他基质

对于河床中不可移动的天然基质(如基岩、巨石),可采用连接了橡胶导管的注射器对其进行取样;用导管一端刮擦基质表面,同时拉回注射器柱塞,将刮取的着生藻类吸入注射器;将注射器中的液体转移至样品瓶中,如此重复采集多次。将上述获得的样品瓶贴上与样品相关的详细标签。

沉积物(泥沙、淤泥)中沉降了大量有机碎屑和生物残骸,其中多为食腐性生物群落,可能无法真实反映水质状况,一般不作为着生藻类采样基质;但如果调查河段没有合适的采样基质时,也可从沉积物中采集着生藻类。将培养皿倒置在沉积物上,在培养皿下插入抹刀,将沉淀物收集在培养皿中;将培养皿从河中取出,同时将抹刀固定在培养皿下,并将其上的沉积物冲洗到样品瓶中。也可以用勺子、镊子、毛细管或移液器收集沉积生境的样品,如使用连接透明导管的注射器吸取底质表面约 1 cm 厚的松软沉积物,转移至样品瓶中,贴上与样品相关的详细标签。

(2) 人工基质法

当调查区域无原位基质条件时,可以采用硅藻计作为人工基质,也可以根据实际情况使用其他材料作为人工基质。

人工基质的投放应避开溪流中的急流和漩涡,可与河中固定物相连,通过调节绳子的长短保证基质浸没于水中,浸没深度为 20~30 cm。放置至少 15 d,以确保基质表面着生藻类群落发育稳定并与其环境保持平衡。建议采用磨砂材质玻片,便于着生藻类固着生长。

待满足投放时间后,将硅藻计中的玻片按照天然坚硬基质方法刷取后,收集于样品瓶中,将获得的样品瓶贴上与样品相关的详细标签。

着生藻类样品应从以上基质与水体接触的上表面收集。记录采集面积。

如无法在现场完成从可移动基质上采集着生藻类,可将基质放入适当的洁净容器中,并加入固定剂后带回实验室做进一步处理。

3. 现场信息记录

应在样品容器(塑料袋、样品瓶)外部贴好标签。样品标签应包含采样点位、样品编号、取样基质、日期、固定液类型。

4. 样品保存与运输

样品采集完成后,现场添加固定剂,以防止微生物生长或硅藻的化学溶解。分析全部门类的藻类,按 10%~15% 比例加入鲁哥氏碘液;仅分析硅藻群落结构,按 1%~4% 体积比加入甲醛溶液。

5. 实验室分析

若采集到的着生藻类样品中含有大量的泥沙,可剧烈摇匀后短暂静置 30 s 使泥沙迅速沉淀至样品瓶底,吸取液体中下部的样品进行下一步处理。对于着生藻类样品,应根据监测评价所需选择不同的处理分析方法,一般可按硅藻类和全藻类进行处理及分析。

（1）硅藻类样品的处理和分析

① 预处理

由于硅藻类的形态学鉴定主要依据其纹饰和壳体形状,应在鉴定之前,对样品进行预处理,以去除藻体中的原生质,只保留主要由二氧化硅组成的硅质外壳。可采用以下两种方法处理:

方法一:双氧水(过氧化氢)法。

a. 摇匀硅藻样品,取 2～3 mL 样品并放入 20 mL 玻璃试管中,可根据硅藻密度酌情调整取样量。

b. 在试管中加入 4 倍体积的过氧化氢,试管加塞,水浴(90 ℃±5 ℃)加热 3～6 h 以去除有机物质,如样品杂质较多,可延长加热时间,最终得到白色悬浊液。

c. 将试管从水浴锅中取出,添加几滴盐酸以去除剩余的过氧化氢和碳酸盐,并用蒸馏水清洗试管侧壁。此步骤需在通风橱中进行。

方法二:微波硝酸消解法。

a. 摇匀硅藻样品,吸取 10～15 mL 样品至离心管内,以 3000 r/min 离心 5 min,去上清液后将离心管内的沉淀物转至消解管内。

b. 在消解管内加入 10 mL 浓硝酸,盖好消解管的内外盖后放入消解仪内,选择 180 ℃程序消解 2 h,消解过程应在通风橱中进行。

c. 待消解完成后,在通风橱下将消解管开盖冷却,然后将冷却的样品转移到玻璃试管中。

② 样品清洗

将预处理后的样品静置沉降 24 h,移除上清液,向试管中加入蒸馏水,混匀后静置沉降,移除上清液。如此反复操作 3～5 次,至悬浮液接近中性。清洗工作也可以通过离心分离的方式进行,将预处理后的样品转移至离心管内,以 3000 r/min 离心 5 min。

③ 样品干燥

最后一次沉降或离心结束后,在样品中加入 95% 酒精稀释至合适浓度,混匀。吸取稀释后的水样并滴加在清洗干净的盖玻片上,直至水样覆盖整个盖玻片而不溢出。将滴加水样的盖玻片在室温环境下进行干燥处理,干燥时可将玻片用罩子罩住以免样品被污染。干燥工作可通过在加热板或烘箱中干燥盖玻片的方式来提速,温度不超过 50 ℃。

④ 制片

在载玻片上滴一滴封片胶(Naphrax),将盖玻片有硅藻的一面朝下放到封片胶上,使胶慢慢散开,接近或完全扩散到整张盖玻片上;将载玻片放到电热板或光波炉上加热,待封片胶熔化后继续加热直至气泡消失,迅速将载玻片取下,用镊子或玻璃棒轻轻按压盖玻片以除去玻片中残留的气泡,并使得硅藻细胞分散在同一个层面上;待玻片冷却后,在显微镜 10×40 倍数下观察,玻片中硅藻细胞应分布较均匀,密度适中。在玻片上贴好标签,记录样品的详细信息。

⑤ 种类鉴定

将制作合格的硅藻玻片置于光学显微镜10×100倍油镜下观察,鉴定分析至属或种。观察的视野在玻片中应尽可能地分布均匀。每个视野内所有完整及破损面积不超过1/4的硅藻细胞都要鉴定和计数,至少计数400个硅藻细胞。

⑥ 结果记录

记录鉴定分类单元学名及相应计数个数。

(2) 全藻类样品的处理和分析

全藻类样品的处理方法可参考浮游植物样品。

根据采集到的样品中的个体密度,将其沉淀、浓缩至适宜体积。观察时,将样品充分摇晃均匀后静置5~10 s,用微量移液器吸取液体中间略偏下位置的样品0.1 mL,并置于计数框中,制成临时装片鉴定、计数。

【实验结果】

1. 半定量样品

半定量采样结果采用物种相对密度进行计算。根据鉴定、计数结果,按照下式计算着生藻类的相对密度:

$$D_i = \frac{d_i}{d_T} \tag{11.1}$$

式中,D_i为i种相对密度;d_i为i种计数个体数,cells;d_T为总计数个体数,cells。

将实验结果记录于表11.1中。

表11.1　半定量样品实验结果

放大倍数:	样品名称:		采样时间:	
物种名称	计数个体数d_i(cells)（以"正"字记录）		小计(cells)	相对密度D_i
物种1				
物种2				
物种3				
……				

2. 定量样品

定量采集的样品按照下式计算原基质单位面积上着生藻类个体数量:

$$N_i = \frac{n_i \times V_1}{V_2 \times S} \tag{11.2}$$

式中,N_i为i种密度,即单位面积个体数量,cells/cm²;n_i为i种计数个体数,cells;V_1为样品定容体积,mL;V_2为样品镜检观察体积,mL;S为采样面积,cm²。

将实验结果记录于表11.2中。

表11.2 定量样品实验结果

采样面积S(cm^2)			
样品定容体积(mL)			
镜检观察体积(mL)			
放大倍数：	样品名称：		采样时间：
物种名称	计数个体数n_i(cells)（以"正"字记录）	小计(cells)	密度N_i(cells/cm^2)
物种1			
物种2			
物种3			
……			

【注意事项】

（1）在将样品带回实验室或物流运输时,应注意样品瓶的密封和缓冲保护,防止在运输过程中样品瓶破损导致样品流失。

（2）样品如需长期保存,则按1%～4%体积比加入甲醛溶液,实际体积根据样品情况调整。

【思考题】

（1）观察实验结果并查阅资料,阐述常见着生藻类的种类有哪些。

（2）试计算采样点的着生藻类物种丰富度。

实验 12　淡水浮游动物的测定

【实验目的】

(1) 了解淡水浮游动物的分类和对环境的作用。

(2) 掌握淡水浮游动物的采样和固定方法。

(3) 掌握淡水浮游动物的定性分析和定量分析方法。

【实验概述】

　　浮游动物主要是指在水中营浮游生活的、不具备游泳能力或者游泳能力弱的一类动物类群,主要包括原生动物、轮虫、枝角类、桡足类。原生动物是动物界最原始、最低等、结构最简单的单细胞动物或由其形成的简单群体。它们形体微小,大小通常为 10~300 μm,只能借助光学显微镜才可以观察到。根据原生动物的细胞器和其他特点,可以将原生动物分为鞭毛纲、肉足纲、孢子纲和纤毛纲。水环境对原生动物的种类与数量有直接的影响,因此原生动物在自然水体中可以作为有机污染的指示生物,被应用于水质分类的污水生物系统中。水体污染程度范围从未污染的区域到严重污染的区域可分为污染外带、寡污性水体、β-中污性带、α-中污性带、多污性带。不同程度污染的水体中原生动物种群一般是不一样的。如在多污性带水体中发现的原生动物主要为施氏肾形虫、梨形四膜虫、小口钟虫等;α-中污性带水体中主要为鞭毛虫、僧帽斜管虫等。而在水体和污(废)水的生物处理中,鞭毛纲、肉足纲和纤毛纲的原生动物发挥了积极作用。

　　轮虫、枝角类和桡足类的生物都属于微型后生动物,虽然是多细胞生物,但是由于形体微小,也要在光学显微镜下才可以观察研究。轮虫属于担轮动物门轮虫纲的微小动物,长度在 4~4000 μm 范围,目前已经观察到的种类隶属于 15 个科的 79 个属,是淡水浮游动物的主要组成部分,也是鱼类的主要天然饵料。轮虫的适应性强,广泛生存于高山湖泊或是污染的沟渠浊水中。轮虫一般在酸性水体中,种类多、数量少,而在碱性水体中,数量多、种类少。随着水体富营养化加剧,水的 pH 上升,导致轮虫种类减少而数量增多。因此,轮虫也是一类指示生物。枝角类是指节肢动物门甲壳纲鳃足亚纲双甲目枝角亚目的动物,通常称水蚤或溞,是许多鱼类和甲壳动物的优质饵料。枝角类摄食大量的细菌和腐质,对水体自净起重要作用。枝角类对有毒物质十分敏感,是污水有毒物质实验的合适动物。水蚤的血液中含血红素,可以根据水体中含氧量的高低而改变颜色,因此其也可以作为判断水体清洁程度的指示生物。桡足类是节肢动物门甲壳纲桡足亚纲的动物,是小型低等的甲壳动物,主要分为 7

个目,分别是哲水蚤目、剑水蚤目、猛水蚤目、怪水蚤目、背卵囊水蚤目、颚虱目和鱼虱目。它们形体分节明显,一般由16~17个体节组成。主要摄食浮游植物,同时也是鱼类和其他动物良好的天然饵料。某些桡足类与海流密切相关,因此可作为海流、水团的指示生物。

【实验材料】

1. 实验样品
自然水体水样。

2. 试剂
(1) 实验用水:新制备的去离子水或蒸馏水。

(2) 鲁哥氏碘液:称取60 g碘化钾,溶解在100 mL蒸馏水中,加入40 g碘,充分搅拌使其完全溶解,加水定容至1000 mL,转移至棕色磨口玻璃瓶。在室温避光条件下保存。

(3) 甲醛溶液:$w(\text{HCHO})=37\%\sim40\%$。

(4) 4%福尔马林溶液:4 mL福尔马林、10 mL甘油和86 mL水,混合均匀。

3. 仪器设备
(1) 25号浮游生物网:网孔直径为0.064 mm,网呈圆锥形,网口套在环上,网底端有出水开关活塞。

(2) 13号浮游生物网:网孔直径为0.112 mm,网呈圆锥形,网口套在环上,网底端有出水开关活塞。

(3) 采样瓶:1 L、2 L聚乙烯瓶,100 mL具塞聚乙烯瓶。

(4) 采水器:采水器为圆柱形,上下底面均有活门。将采水器沉入水中,活门可自动打开。容量为1 L和5 L。

(5) 水桶:10 L塑料水桶。

(6) 浓缩装置:1~2 L具有刻度的直形漏斗和铁架台,直形漏斗50 mL处有标记。

(7) 筛绢:网孔直径0.064 mm和网孔直径0.112 mm。

(8) 虹吸装置:由吸耳球、虹吸软管、硬质玻璃管或塑料管组成,玻璃管前段以筛绢封口。

(9) 计数框(图12.1):1 mL及5 mL定量计数框。

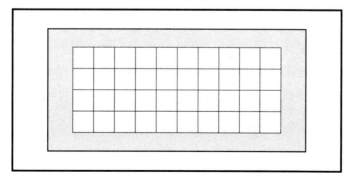

图12.1　计数框

(10) 微量可调移液器:1 mL及5 mL移液器。

(11) 生物显微镜:物镜10×、20×、40×,目镜10×、15×。

(12) 体视显微镜。

(13) 载玻片(26 mm×76 mm)、盖玻片、计数器、镜台测微尺、解剖针、吸水纸等。

【实验方法】

1. 采样层次

(1) 对于水深小于5 m或者混合均匀的水体,在水面下0.5 m处采样。

(2) 当水深为5~10 m时,分别在水面下0.5 m处和透光层底部各布设一个采样点(透光层深度以3倍透明度计),进行分层采样或取混合样。

(3) 当水深大于10 m时,分别在水面下0.5 m、1/2透光层处及透光层底部各布设一个采样点,进行分层采样或取混合样。

2. 样品的采集

在采集浮游动物样品时,要先采定量样品,后采定性样品。

(1) 定量样品的采集

轮虫和原生动物的定量样品采集量一般为自然水体1 L。枝角类和桡足类浮游动物一般采集自然水体20 L,并通过25号浮游生物网过滤浓缩,加入到100 mL具塞聚乙烯瓶中。

(2) 定性样品的采集

可以用25号浮游生物网进行浮游动物定性样品的采集。在水体表层至0.5 m水深处以20~30 cm/s的速度做"8"字形往复、缓慢拖动1~3 min,将浮游生物网提出水面,定性样品被收集在网底部容器中,将底端出口伸入100 mL具塞聚乙烯瓶,打开底端活塞开关收集定性样品。

样品采集完后应及时清洗浮游生物网。

3. 采样记录

定性样品和定量样品标签应包含采集项目(浮游动物定量或浮游动物定性)、样品编号、采样日期、采样点位和采样体积。

4. 样品固定

定量和定性样品采集完成后,应立即添加固定剂。原生动物和轮虫的固定,可用鲁哥氏碘液或福尔马林,加量同浮游植物(一般可与浮游植物合用同一样品),一般1 L水样加15 mL鲁哥氏碘液。枝角类和桡足类一般用4%福尔马林或70%酒精固定,一般100 mL水样加4~5 mL福尔马林溶液。如果先用福尔马林溶液固定48 h,再转入70%酒精中保存,效果更好。

5. 样品前处理

(1) 原生动物和轮虫定量样品

将原生动物和轮虫全部定量样品摇匀并倒入浓缩装置中,室温静置24~48 h。用虹吸装置吸取上清液,直至样品沉淀物约50 mL。将沉淀物收集在100 mL量筒中,再用少许上清液冲洗浓缩装置1~3次,将冲洗水一并收集在量筒中,读取量筒中样品体积,即为浓缩体积,将浓缩液转入100 mL聚乙烯瓶中。静置初期,应适时轻敲浓缩装置器壁以减少吸附。虹吸过程中,吸液口与轮虫沉淀物间距离应大于3 cm。

注意:样品也可在原1 L定量采样瓶中直接浓缩,具体操作步骤与浓缩装置同。

(2) 枝角类和桡足类定量样品及浮游动物定性样品

枝角类和桡足类定量样品及浮游动物定性样品无需进行此前处理,可以直接用于鉴定。

6. 样品分析

(1) 定量分析

枝角类和桡足类:用移液器准确吸取5 mL样品,置于5 mL计数框内,在显微镜4×或10×下计数。枝角类和桡足类样品要全片计数,若个体数目较多,可稀释后再计数。

轮虫:将浓缩样品充分摇匀,用移液器准确吸取1 mL样品,置于1 mL计数框内,在显微镜10×或20×下全片计数。每一样品要平行计数两次,取平均值,每次计数结果与其平均值之差应不大于15%;否则应增加计数一次,直至有两次计数结果符合要求为止。残体以头部或尾部计数,同一种类(或同一态)的残体只能按其中一种方法计数,以数量较多者为准。

枝角类和桡足类优势种鉴定到种,其他鉴定到属,轮虫鉴定到属。

(2) 定性分析

浮游动物定性样品只需进行物种鉴定及统计物种数量,鉴定方法及要求同定量样品。

定性样品取样前不需要摇匀,原生动物和轮虫定性样品鉴定时使用吸管从瓶底吸取约1 mL样品放于1 mL计数框中,枝角类和桡足类样品鉴定时从瓶底吸取约5 mL样品放于5 mL计数框中,在显微镜下观察鉴定。对于密度较高或杂质较多的样品,要稀释后再进行物种鉴定。

【实验结果】

1. 定量分析密度

水样中浮游动物的密度按照下式计算:

$$N = \frac{n}{V_1} \times \frac{V_2}{V_3} \tag{12.1}$$

式中,N为浮游动物密度,ind./L;n为计数个体数;V_1为计数体积,mL;V_2为浓缩样体积,mL;V_3为采样量,L。

原水样中浮游动物总密度等于各类群密度之和。

将鉴定及计算结果记录于表12.1中。

表12.1 定量分析结果

类别	物种名称	计数个体数 n(以"正"字记录)	密度 N(ind./L)

2. 定性分析密度

将定性分析结果记录于表12.2中。

表12.2 定性分析结果

原生动物	轮虫	枝角类	桡足类
物种名称	物种名称	物种名称	物种名称
物种数：	物种数：	物种数：	物种数：

【注意事项】

(1) 进行样品采集时,注意做好人身安全防护。

(2) 样品固定后,如果要长期保存,需每隔一段时间补加固定液。

(3) 对于浮游动物物种的鉴定,需要进行浮游动物专业知识的学习,并定期参加培训,更新物种信息。

(4) 因甲醛等固定液对人体呼吸系统和皮肤组织具有一定的刺激性和危害性,所以鉴定最好在通风条件下进行。

【思考题】

(1) 对于轮虫和枝角类浮游动物为什么选用不同的固定液固定?

(2) 试列举淡水水体中的常见的浮游动物种类。

实验13 富营养化水体中藻类的测定 ——叶绿素a法

【实验目的】

(1) 掌握测定水体中叶绿素a含量的原理和方法。

(2) 了解通过测定水体中叶绿素a的浓度判断水体富营养化程度的方法。

【实验概述】

水体的富营养化是指氮、磷等营养物质浓度的增加,使湖泊、水库等地表水体中的藻类(也称为浮游植物)快速生长,造成的严重水体污染现象。衡量水体质量的指标主要有含氮量、含磷量、生化需氧量和细菌总数等。在地表水环境富营养化的研究中,叶绿素a也常作为一个检测指标,用于表征藻类量。叶绿素是植物进行光合作用的主要脂溶性色素,在光合作用的光吸收中起核心作用。根据色素的荧光特性可以将其分为叶绿素a、叶绿素b、叶绿素c、叶绿素d等,其中叶绿素a存在于所有藻类中,占藻类干重的1%~2%,因此可以用水体中叶绿素a的含量表征水体中藻类的总量,进而评价水体的营养状况。叶绿素a易溶于乙醇、乙醚、丙酮等,难溶于石油醚。同时,叶绿素a主要吸收橙红光和蓝光。当藻细胞死亡后,叶绿素即游离出来,游离叶绿素不稳定,光、热、酸、碱、O_2、氧化剂等都会使其分解。叶绿素a的分子式为$C_{55}H_{72}O_5N_4Mg$,含有一个咔环结合的Mg。在酸性条件下,叶绿素a分子很容易失去Mg^{2+}生成绿褐色的脱镁叶绿素,加热时反应加速。

叶绿素的实验室测量方法有分光光度法、荧光法、色谱法,其中以传统的分光光度法应用最为广泛。将一定量样品用滤膜过滤截留藻类,研磨破碎藻类细胞,用丙酮溶液提取叶绿素,离心分离后分别于750 nm、664 nm、647 nm和630 nm处测定提取液吸光度。选择这四个波长,主要是因为叶绿素a的最大光吸收波长在664 nm处。但是在色素提取过程中,与叶绿素a同时提取到的还有叶绿素b和叶绿素c,它们在664 nm处也有光吸收。同时,叶绿素b和叶绿素c又分别在647 nm和630 nm处有最大吸收峰,所以要测定在664 nm、647 nm和630 nm处的吸光度。其中在647 nm和630 nm处的吸光度用来计算叶绿素b和叶绿素c的含量,然后计算叶绿素b和叶绿素c在664 nm处的吸光度,从而得到叶绿素a在664 nm处的吸光度,并计算出叶绿素a的含量。如果样品中含有颗粒物,也会影响664 nm处的光吸收,因此还要测定在750 nm处的吸光度,即非选择性本底值。这样,通过测定丙酮提取液在750 nm、664 nm、647 nm和630 nm处的吸光度,按照一定的公式计算,可得水体样品中叶绿素a的含量。计算得到叶绿素a的含量之后,根据表13.1即可判断出水体所处的富营养化状态。

表13.1　根据叶绿素a含量评价湖泊富营养化的标准

类型	贫营养型	中营养型	富营养型
叶绿素a含量($\mu g/L$)	<4	4~10	10~150

【实验材料】

1. 实验样品
湖泊和水库等地表水。

2. 试剂
碳酸镁悬浊液:在1 g $MgCO_3$粉末中加入100 mL蒸馏水,使用前混匀。

丙酮溶液($V_{丙酮}:V_水=9:1$):90 mL丙酮与10 mL蒸馏水混匀。

3. 仪器设备
分光光度计(配10 mm石英比色皿)、抽气的滤膜过滤装置(如玻璃砂芯过滤器)、台式离心机(离心力在1000g以上)、真空泵和4 ℃冰箱等。

4. 器皿和其他材料
有机玻璃采水器、采样瓶(500 mL或1000 mL的棕色磨口瓶)、玻璃纤维滤膜(直径47 mm、孔径0.45 μm)、玻璃刻度离心管(15 mL,旋盖材质不与丙酮反应)、研钵、聚四氟乙烯针头式滤器(孔径0.45 μm)、玻璃注射器(10 mL)、镊子和滤纸等。

【实验步骤】

1. 样品采集
一般使用有机玻璃采水器或其他适当的采样器采集水面下0.5 m处样品,湖泊、水库根据需要可进行分层采样或混合采样,采样体积为1 L或500 mL。如果水深不足0.5 m,在水深1/2处采集样品,但不得混入水面漂浮物。如果样品中含沉降性固体(如泥沙等),则应将样品摇匀后倒入2 L量筒中,避光静置30 min,取水面下5 cm处样品,转移至采样瓶。

在每升样品中加入1 mL碳酸镁悬浊液,以防止酸化引起色素溶解。

2. 样品运输
采集的样品在0~4 ℃下避光保存并运输到实验室,24 h内进行测定。

3. 叶绿素的提取
(1) 过滤

在洁净的过滤装置上安装好玻璃纤维滤膜,根据水体的营养状态确定测试样品体积。通常,中营养型和富营养型的水体,取水样100~200 mL过滤;贫营养型水体,取水样500~

1000 mL 过滤。样品充分混匀后用量筒取样,加入过滤器的漏斗上进行过滤。过滤时控制负压不超过 50 kPa,样品滤净后用少量蒸馏水冲洗过滤器漏斗的内壁并过滤。在样品刚刚完全通过滤膜时结束抽滤,然后马上用镊子将滤膜取出,将有样品的一面对折,用洁净滤纸吸干滤膜水分。

取同样体积的蒸馏水进行过滤操作,作为空白试样。

(2) 研磨

将样品滤膜放置于研磨装置中,加入 3~4 mL 丙酮溶液,研磨至糊状。再补加 3~4 mL 丙酮溶液,继续研磨,并重复 1~2 次,保证充分研磨 5 min 以上。然后将完全破碎后的细胞提取液转移至玻璃刻度离心管中,用丙酮溶液冲洗研钵及研磨杵,将冲洗液一并转入离心管中,定容至 10 mL。

(3) 浸泡提取

将离心管中的提取液充分振荡混匀后,用铝箔包好,4 ℃ 避光浸泡提取 2 h 以上,不超过 24 h。在浸泡过程中要颠倒摇匀 2~3 次。

(4) 离心

将离心管放入离心机,以相对离心力 1000g(转速 3000~4000 r/min)离心 10 min。然后用针头式滤器过滤上清液得到叶绿素 a 的丙酮提取液,待测。

空白对照按照前面步骤一并进行。

3. 测定

将试样移至石英比色皿中,以丙酮溶液为参比溶液,于 750 nm、664 nm、647 nm、630 nm 处测量吸光度。

在 750 nm 处的吸光度应小于 0.005,否则需重新用针头式滤器过滤后测定。

4. 结果计算

水样中叶绿素 a 的质量浓度,按照下式进行计算:

$$\rho = \frac{11.85 \times \left[(A_{664} - A_{750}) - 1.54 \times (A_{647} - A_{750}) - 0.08 \times (A_{630} - A_{750})\right] \times V_1}{V} \tag{13.1}$$

式中,ρ 为水样中叶绿素 a 的质量浓度,mg/mL;A_{664} 为试样在 664 nm 处的吸光度;A_{647} 为试样在 647 nm 处的吸光度;A_{630} 为试样在 630 nm 处的吸光度;A_{750} 为试样在 750 nm 处的吸光度;V_1 为使用丙酮溶液提取叶绿素 a 时,研磨后定容的体积,mL;V 为测试的水样体积,L。

【实验结果】

1. 记录实验结果

记录样品和空白试样在各波长处的吸光度,并计算叶绿素 a 的含量。

2. 水样的评价

根据测定结果,参照表 13.1,判断被测水样的水体的富营养化状态。

【注意事项】

(1) 计算结果保留3位有效数字。

(2) 叶绿素对光及酸性物质敏感,实验室光线应尽量微弱,能进行分析操作即可,所有器皿不能用酸浸泡或洗涤。

【思考题】

(1) 为保证水样叶绿素a含量测定结果的准确性,应注意哪几个方面的问题?

(2) 试分析叶绿素含量单位mg/L与g/个细胞的意义与可能适用的情况。

(3) 为什么本实验要使用石英比色皿而不用玻璃比色皿?

实验14　水体中细菌总数的检测

【实验目的】

(1) 掌握水样采集和水体中细菌总数的检测方法。
(2) 了解细菌总数检测的原理以及细菌数量和水体质量的关系。

【实验概述】

水体中的微生物种类繁多,对环境的适应能力强且对环境因素的改变敏感,属于环境领域重要的监测内容。通过测定水体中细菌的总数可以衡量和判定水样被有机物污染的程度,水体中细菌总数从一定程度上反映了水体卫生状况和水质状况。细菌总数是指1 mL水样在牛肉膏蛋白胨固体培养基中,经37 ℃培养24 h后生长出来的腐生性细菌菌落总数。水质中有机质含量越多,细菌总数也就越多。根据我国《生活饮用水卫生标准》(GB 5749—2022)的要求,合格的生活饮用水中细菌总数应小于100 CFU/mL。

本实验采用平板菌落计数的方法检测水体中的细菌总数。由于微生物在固体平板上生长时,一个细胞不断分裂生长后通常会形成一个细胞群体,即菌落,而菌落是肉眼可见的。因此,经过平板培养后,只要对菌落进行计数,就可以大致计算出接种时平板上的活细胞数。因为微生物的生长会受自身的存在形式、代谢特性、培养基的种类和培养条件的影响,所以采用通用的细菌培养基和培养条件所得到的菌落数略小于被测水体中的真正细菌数量。

【实验材料】

1. 培养基

牛肉膏蛋白胨培养基(配制方法见实验7)。

2. 试剂

(1) 无菌生理盐水(0.9%的NaCl水溶液):取NaCl 9 g,溶解于适量蒸馏水中,用1000 mL容量瓶定容。使用前用灭菌锅灭菌。

(2) 硫代硫酸钠溶液(0.10 g/mL):称取15.7 g硫代硫酸钠($Na_2S_2O_3 \cdot 5H_2O$),溶于适量水中,定容至100 mL,临用现配。

(3) 乙二胺四乙酸二钠溶液(0.15 g/mL):称取15 g乙二胺四乙酸二钠($C_{10}H_{14}N_2O_8Na_2 \cdot 2H_2O$),溶于适量水中,定容至100 mL,此溶液保质期为30 d。

3. 器皿

水浴锅、恒温培养箱、采样瓶或采样器、无菌培养皿、无菌试管、无菌移液管（或移液器）、记号笔、标签纸等。

【实验步骤】

1. 采样

（1）自来水采样

① 水龙头灭菌

用火焰灼烧自来水龙头3 min。

② 取水样

打开水龙头放水5～10 min后，用无菌采样瓶接取适量水样，密封带回实验室。如果自来水中有余氯（氯具有杀菌作用），在采样瓶灭菌之前，可在瓶中加入少许硫代硫酸钠溶液（500 mL水样中加入硫代硫酸钠溶液1 mL）。如果采集的是重金属离子含量较高的水样，则可在采样瓶灭菌前加入乙二胺四乙酸二钠溶液，以消除干扰（每125 mL容积加入0.3 mL的乙二胺四乙酸二钠溶液）。

（2）自然水体（江水、河水、湖水、水库水或池水）采样

将无菌采样瓶瓶口向下保持密封状态浸入水中，在距离水面10～15 cm深处打开采样瓶塞，使水流入采样瓶中，然后塞好瓶塞，再从水体中取出采样瓶。

2. 细菌总数计数

（1）自来水

自来水细菌总数计数采用稀释混合平板法。

① 吸取水样

在超净工作台上，将采样瓶中的水摇晃30次左右，使得微生物在水体中混合均匀。然后用无菌移液管或移液器吸取1 mL自来水样，加至空的无菌培养皿中。设2个平行样。另取1套灭菌的空培养皿作对照，加入1 mL无菌水。

② 浇注平板

在步骤①的3个培养皿中，分别加入灭菌后冷却至45 ℃左右的牛肉膏蛋白胨培养基，并平稳快速地在工作台面沿前后、左右等方向轻轻旋转摇匀。然后静置使得培养基凝固。

③ 培养

将②中凝固的平板倒置于37 ℃的恒温培养箱中，培养24～48 h。

④ 计数

对培养结束的平板进行菌落计数，2个平板的平均值即为1 mL自来水中的细菌总数。若菌落数较多，则可以使用计数器进行计数。

（2）自然水体

自然水体细菌总数计数采用稀释涂布平板法。

① 稀释水样

在超净工作台上(或无菌室内)采用无菌操作的方法,取3支灭菌试管,用移液器或移液管分别加入9 mL的无菌生理盐水。然后用新的无菌移液管(或更换无菌移液器吸头)吸取自然水体水样1 mL,加入一支含有9 mL无菌生理盐水的试管中,摇匀,此试管编号为10^{-1}。更换无菌移液管(或移液器吸头),吸取1 mL编号为10^{-1}试管中的菌液转接至新的一支含有9 mL无菌生理盐水的试管中,此试管编号为10^{-2},摇匀。如此操作,稀释至编号为10^{-3}。最后得到稀释度分别为10^{-1}、10^{-2}和10^{-3}的菌液。稀释倍数按水样污浊程度而定,以培养后平板的菌落数为30～300个的稀释度最为合适。污浊严重的水样,可以取10^{-2}、10^{-3}、10^{-4}的连续稀释度。

② 倒平板

制作10个平板,操作方法见实验7的实验步骤9。

③ 加稀释水样

从最后3个稀释度的菌液中各取0.2 mL稀释后的水样,分别单独加入步骤②制作好的无菌平板中,用无菌涂布棒在培养基表面轻轻地涂布均匀,最后在平板上盖边缘贴好标签(标记好稀释度、日期等)。每个稀释度制作3个平行样,3个稀释度共计9个培养平板。

另取1个无菌平板,加0.2 mL无菌水,作为对照。

④ 培养

将平板倒置于37 ℃的恒温培养箱中,培养24～48 h。

⑤ 平板菌落计数

培养结束后,统计相同稀释度的平板的菌落数。

⑥ 计算总菌落数

用同一稀释度下两个平板菌落数的平均值乘以5再乘以稀释倍数,即可计算出1 mL水样中细菌总数。但根据实际情况有不同的计算方法。

a. 当只有1个稀释度的平均值符合要求时,用该稀释度的平均菌落数计算,即得水样中细菌总数。

b. 如果有2个稀释度平均值符合要求,由两者菌落数比值决定。先把2个稀释度的菌落数量换算为同一个稀释度时的数量,再计算比值(如10^{-2}和10^{-3}稀释度的菌落数,先将10^{-3}稀释度的菌落数乘以10,然后再同10^{-2}稀释度的菌落数计算比值)。若两者比值小于2,则取两者菌落数的平均值;若两者比值大于2,则选取两者中细菌菌落数较小的数值。

c. 如果3个稀释度的平均值均小于30,则应用最低稀释度的平均菌落数乘稀释倍数。

d. 如果3个稀释度的平均值均大于300,则应用最高稀释度的平均菌落数乘稀释倍数。

e. 如果3个稀释度的平均值均不在30～300范围,则用最接近30或300的平均菌落数乘稀释倍数。

f. 最好选用无片状菌苔的平板进行计数。如果菌苔面积小于整个平板面积的1/2,且另一部分菌落分布均匀,则按有菌落的一侧计数,并乘以2得出整个平板的菌落数,然后再乘稀释倍数。

g. 菌落数较大时,可以采用四舍五入,用科学记数法表示。

【实验结果】

1. 自来水

将自来水的细菌计数结果记录于表14.1中。

表14.1　自来水的细菌计数结果

平板	1	2	对照	是否符合国家标准
菌落数(CFU/mL)				
平均菌落数(CFU/mL)				
自来水中的细菌总数(个/mL)				

2. 自然水体

将自然水体的细菌计数结果记录于表14.2中。

表14.2　自然水体的细菌计数结果

稀释度	10^{-1}		10^{-2}		10^{-3}		对照
平板	1	2	1	2	1	2	
菌落数(CFU/mL)							
平均菌落数(CFU/mL)							
稀释度菌落数比值							
细菌总数(个/mL)							

【注意事项】

(1) 水样采集后要立即送到实验室进行检测。若不能及时检测,应将其放在4 ℃低温冰箱中保存,但存放时间不得超过24 h。记录采样时间和检测时间。

(2) 进行水样稀释时,无菌移液管口或移液器吸头不得与稀释液接触。每做一次稀释操作,应更换新的无菌移液管或移液器吸头。

(3) 使用稀释涂布平板法计算菌落数时,应注意添加的水样的体积,最后结果要换算为1 mL水样体积时的数目。

【思考题】

(1) 细菌总数测定能否将水体中全部的细菌检测出来? 为什么?

(2) 稀释混合平板法和稀释涂布平板法在操作上有什么区别?

实验15 水体中总大肠菌群的检测

【实验目的】

(1) 了解总大肠菌群的数量指标在环境领域的重要性。

(2) 掌握水体中总大肠菌群的检测方法。

(3) 了解总大肠菌群的生化特性及其在环境监测领域的应用。

【实验概述】

在日常生活中,水源水经处理后才能供给用户。饮用水要求清澈、无色、无臭和无病原菌。在实际检测工作中,水体中的病原微生物常因数量较少而难以被检出,即使检出结果为阴性也不能保证无病原微生物存在,因此常借用"指示菌"的有无及其数量来判断水质是否被污染,这在水的卫生学检查方面有较重要的意义。通常将大肠菌群、粪链球菌、产气荚膜杆菌、铜绿假单胞菌、金黄色葡萄球菌等作为粪便污染指示菌。大肠菌群也称总大肠菌群,该名称并非细菌学分类的命名,而是指一群在 37 ℃下培养 24 h 能发酵乳糖并产酸、产气、营好氧和兼性厌氧的革兰氏阴性无芽孢杆菌的统称。主要包括肠杆菌科中的埃希氏菌属(*Escherichia*)、肠杆菌属(*Enterobacter*)、柠檬酸杆菌属(*Citrobacter*)和克雷伯氏菌属(*Klebsiella*)等的细菌。这类菌群主要来自于人畜粪便,也有一部分来自自然环境,具有数目多、与多数肠道病原菌存活期相近和易于培养观察等特点。因而,在卫生领域总大肠菌群数被应用最多,并以此评价饮用水的卫生质量。

总大肠菌群的测定方法包括滤膜法、多管发酵法和酶底物法等。其中滤膜法主要适用于饮用水或较洁净的水,操作简单快速。该方法是采用无菌的滤膜过滤装置过滤水样,滤膜孔径一般在 0.45～0.65 μm 范围。过滤后,水样中的细菌被截留在滤膜上,然后将滤膜放置在鉴别培养基上进行培养,根据总大肠菌群菌落特征进行直接计数。多管发酵法是将一定量的水样接种到乳糖蛋白胨发酵管中,根据发酵的产酸、产气结果确定总大肠菌群的阳性管数后,计算或在 MPN 检索表中查出总大肠菌群的最近似值。该方法为我国大多数环保、卫生和水厂等单位所采用。酶底物法是指在特定温度下培养 24 h 后,总大肠菌群、粪大肠菌群、大肠杆菌能产生 β-半乳糖苷酶,这种酶可以将选择性培养基中的无色底物——邻硝基苯-β-D-吡喃半乳糖苷(ONPG)分解为黄色的邻硝基苯酚(ONP);大肠杆菌同时又能产生 β-葡萄糖醛酸酶,将选择性培养基中的 4-甲基伞形酮-β-D-葡萄糖醛酸苷(MUG)分解为 4-甲基伞形酮,在紫外灯照射下产生荧光。统计阳性反应出现数量,查 MPN 表,就可以分别计算样品中总大肠菌群、粪大肠菌群、大肠杆菌的浓度值。此方法可以同时测定水体中总大肠菌群数和大肠杆菌数,设置不同的培养时间还可以测定粪大肠菌群。

我国《生活饮用水卫生标准》(GB 5749—2022)规定,每100 mL饮用水中不得检出总大肠菌群。

【实验材料】

1. 实验样品

自来水、自然水体的水等。

2. 培养基

(1) 乳糖蛋白胨培养基

配方:蛋白胨10 g,牛肉膏3 g,乳糖5 g,NaCl 5 g,溴甲酚紫乙醇液(16 g/L) 1 mL,蒸馏水1000 mL,pH为7.2~7.4。

配制步骤:按照配方,将牛肉膏、蛋白胨、乳糖及NaCl溶解于1000 mL蒸馏水中,可以适当加热,调节pH至7.2~7.4。加入溴甲酚紫乙醇溶液,充分混匀后分装于有倒置杜氏小管的试管中,每管10 mL。塞好面塞后包装好,置于烧杯中,115 ℃(相对蒸汽压力0.072 MPa)灭菌20 min。

(2) 3倍浓度浓缩乳糖蛋白胨培养基

按上述乳糖蛋白胨培养基浓缩3倍配制,分装于有倒置杜氏小管的试管中,每管5 mL,115 ℃灭菌20 min。

(3) 伊红美蓝培养基(也叫EMB培养基)

配方:蛋白胨10 g,K_2HPO_4 2 g,乳糖10 g,伊红水溶液(20 g/L) 20 mL,美蓝水溶液(5 g/L) 13 mL,琼脂20 g,蒸馏水1000 mL,pH为7.2。

配制步骤:将蛋白胨、K_2HPO_4和琼脂溶解于蒸馏水中,调节pH至7.2,加入乳糖,混匀后定量分装于三角瓶中,115 ℃灭菌20 min,备用。

伊红和美蓝水溶液不能使用高温灭菌法灭菌,可以使用滤膜除菌法过滤后使用。

使用前加热熔化培养基,待冷却至50~55 ℃时,加入伊红和美蓝水溶液,混匀后倒平板。

(4) 品红亚硫酸钠培养基(也叫远藤氏培养基)

配方:蛋白胨10 g,酵母粉5 g,牛肉膏5 g,乳糖10 g,K_2HPO_4 3.5 g,无水亚硫酸钠5 g,碱性品红乙醇溶液(50 g/L) 20 mL,琼脂15~20 g,蒸馏水1000 mL,pH为7.2~7.4。

配制方法:

① 储备培养基的制备

先将琼脂加入到900 mL蒸馏水中,煮沸溶解;然后加入K_2HPO_4、蛋白胨、酵母粉和牛肉膏,混匀溶解后加蒸馏水补足至1000 mL,调节pH至7.2~7.4;若有杂质可先过滤,再加入乳糖,混匀后定量分装于三角瓶中,115 ℃灭菌20 min。置于冷暗处备用。

② 平板的制备

使用前将上述制备的储备培养基加热熔化,用无菌移液管吸取一定量的碱性品红乙醇溶液(50 g/L),置于一无菌空试管中,再按比例称取所需的无水亚硫酸钠并置于另一无菌空试管中,加少许无菌水,使其溶解后置沸水浴中煮沸 10 min,待用。用无菌移液管吸取上述制备的无水亚硫酸钠溶液,滴加于碱性品红乙醇溶液至深红色褪成淡粉色为止,将此亚硫酸钠与碱性品红的混合液全部加到已熔化的储备培养基内,充分混匀后倒平板,备用(若放冰箱中保存则不宜超过 2 周)。若培养基由淡粉红色变成深红色,则不能使用。

本培养基也可不加琼脂,制成液体培养基,使用时加 2~3 mL 于无菌吸收垫上,再将滤膜置于培养垫上培养。

(5) 乳糖蛋白胨半固体培养基

配方:蛋白胨 10 g,牛肉膏 5 g,酵母粉 5 g,乳糖 10 g,琼脂 5 g,蒸馏水 1000 mL,pH 为 7.2~7.4。

配制步骤:按照配方,将牛肉膏、酵母粉、乳糖及琼脂溶解于 1000 mL 蒸馏水中,可以适当加热,充分溶解混匀,调节 pH 至 7.2~7.4。分装于三角瓶中,115 ℃灭菌 15~20 min。

(6) MMO-MUG 培养基(minimal medium ONPG-MUG 培养基)

每 100 mL 水样需使用培养基粉末 2.7 g±0.5 g,基本成分如下:

硫酸铵($(NH_4)_2SO_4$)	0.5 g
硫酸锰($MnSO_4$)	0.05 mg
硫酸锌($ZnSO_4$)	0.05 mg
硫酸镁($MgSO_4$)	10 mg
氯化钠($NaCl$)	1 g
氯化钙($CaCl_2$)	5 mg
亚硫酸钠(Na_2SO_3)	4 mg
两性霉素 B(amphotericin B)	0.1 mg
邻硝基苯-β-D-吡喃半乳糖苷	50 mg
4-甲基伞形酮-β-D-葡萄糖醛酸苷	7.5 mg
茄属植物萃取物(Solanium 萃取物)	50 mg
N-2-羟乙基哌嗪-N-2-乙磺酸钠盐(HEPES 钠盐)	0.53 g
N-2-羟乙基哌嗪-N-2-乙磺酸(HEPES)	0.69 g

也可采用市售培养基商品,按照说明书使用。

3. 试剂

(1) 生理盐水:取 NaCl 9 g,溶解于适量蒸馏水中,用 1000 mL 容量瓶定容。使用前用灭菌锅灭菌。

(2) 草酸铵结晶紫染色液:配制方法同实验5。

(3) 沙黄染色液:配制方法同实验5。

（4）鲁哥氏碘液：配制方法同实验5。

（5）95％乙醇。

（6）无菌水。

4. 仪器设备

显微镜、抽气的滤膜过滤装置、恒温培养箱、灭菌锅和真空泵等。

5. 器皿和其他材料

样品瓶（250 mL）、培养皿、移液管、助吸器、大试管（Φ18 mm×180 mm 或 Φ20 mm×200 mm）、三角瓶、杜氏小管、载玻片、水相微孔滤膜（孔径0.45 μm）、煤气灯、电子点火器、不锈钢锅、无菌镊子、接种环和棉塞等。

【实验方法】

1. 水样的采集

水样的采集方法同实验14。

2. 多管发酵法

此法适用于饮用水和水源水，尤其是浊度高的水中总大肠菌群的测定。

（1）饮用水的总大肠菌群测定

① 初发酵实验

对已经处理过的出厂自来水，取10 mL水样接种到装有5 mL 3倍浓度浓缩乳糖蛋白胨培养基的试管中，重复5支。然后，取1 mL水样接种到装有10 mL乳糖蛋白胨培养基的试管中，重复5支。最后，取1 mL 10^{-1}稀释度的水样接种到装有10 mL乳糖蛋白胨培养基的试管中，重复5支。3个梯度共计15支试管。用棉塞或耐高温封口膜封口，并在试管壁上做好梯度标记。

将接种的试管于37 ℃下培养24 h，观察其产酸、产气情况，并记录实验初步结果。

结果分析如下：

a. 若培养基仍然为紫色，表面没有产酸，小倒管没有气体，表明没有产气，为阴性反应，表明无总大肠菌群存在。

b. 若培养基由紫色变为黄色，小倒管有气体产生，表明既产酸又产气，为阳性反应，说明有总大肠菌群存在。

c. 若培养基由紫色变为黄色说明产酸，但不产气，仍为阳性反应，表明有总大肠菌群存在。

d. 若小倒管有气体，培养基紫色不变，也不浑浊，是操作技术上有问题，应重做实验。

以上结果为阳性者，说明水可能被粪便污染，需进一步检验。

② 确定性实验

平板划线：将呈现阳性反应的试管中的菌液，用接种环挑取一环，划线接种于伊红美蓝培养基平板上（无菌操作）。平行划线2个平板。然后，将平板于37 ℃下培养24 h。

革兰氏染色:平板培养结束后,选取具有以下3种特征的菌落进行革兰氏染色实验:

a. 深紫黑色,具有金属光泽的菌落。

b. 紫黑(绿)色,不带或略带金属光泽的菌落。

c. 紫红色或淡紫红色菌落。

③ 复发酵实验

选择具有上述3种特征,经检验为革兰氏阴性的菌落,用接种环挑取此菌落的一部分转接入含有10 mL乳糖蛋白胨培养基的含有小倒管的发酵试管中。每一管可接种同一平板的1~3个菌落,经37 ℃培养24 h后观察实验结果。若产酸、产气,即证实有总大肠菌群存在。

④ 水样中总大肠菌群的最大可能数

根据初发酵阳性管数及实验所用的水样量,即可运用数理统计原理计算出每100 mL(或每1 L)水样中总大肠菌群的最大可能数目(most probable number,MPN),可参考下式计算:

$$MPN = \frac{阳性管数 \times 1000}{\sqrt{阴性管数水样体积(mL) \times 全部水样体积(mL)}} \tag{15.1}$$

式中,MPN的数据并非水中实际总大肠菌群的绝对浓度,而是浓度的最大可能数。

(2) 水源等水样中总大肠菌群的测定

① 稀释水样

将水样用10倍稀释法,做10^{-1}和10^{-2}两个稀释度。稀释方法同实验14(无菌操作)。

② 初发酵实验

在含有10 mL 2倍浓度浓缩乳糖蛋白胨培养基的试管中分别加入10 mL原水样,在含有10 mL乳糖蛋白胨培养基的试管中分别加入1 mL原水样和1 mL 10^{-1}(或至10^{-2})稀释水样,各重复5支,37 ℃培养24 h。

③ 确定性实验、复发酵实验和总大肠菌群最大可能数的计算

同饮用水中总大肠菌群的测定。

3. 滤膜法

此法适用于测定饮用水和低浊度的水源水。

(1) 过滤装置的灭菌

这里的过滤装置主要包括滤膜和砂芯抽滤装置(图15.1)。滤膜的灭菌步骤如下:将滤膜放入装有蒸馏水的烧杯中加热煮沸3次,每次15 min,其中前两次煮沸后更换蒸馏水洗涤2~3次,以除去残留溶剂。玻璃滤器可以在包扎好后,使用灭菌锅在121 ℃下灭菌20 min。

(2) 组装过滤装置

将已灭菌的过滤器基座、漏斗、滤膜和抽滤瓶(标塞三角瓶)装配好(图15.1),其中滤膜用无菌镊子夹住其边缘部分,将粗糙面向上,贴放在过滤器的基座上。

(3) 过滤水样

将抽滤瓶的抽气口接上真空泵,然后将100 mL水样(如水样中含菌量较多,可减少过滤水样)加入漏斗中,加盖,启动真空泵进行抽滤。水样过滤完成后,继续抽气约5 s后,先关闭

真空泵的气体进气阀,再断开抽滤装置与真空泵的连接管。

圆筒玻璃漏斗 ——————

铝合金夹子

标口砂芯过滤器 ——————

标塞三角瓶 ——————

图15.1　抽滤装置

（4）接种

使用无菌操作技术,用无菌镊子夹住滤膜边缘,移放在品红亚硫酸钠培养基平板上,滤膜截留细菌面向上,非截留细菌面与培养基贴紧,使两者间无气泡,然后用石蜡膜将平板密封好。

（5）培养

将上述(4)中的平板倒置于37 ℃培养箱中培养22~24 h。

（6）总大肠菌群的观察

观察滤膜上形成的细菌菌落特征,对符合以下特征菌落进行计数、革兰氏染色和镜检:

① 紫红色,具有金属光泽的菌落。

② 深红色,不带或略带金属光泽的菌落。

③ 淡红色,中心色较深的菌落。

将具有上述菌落特征、革兰氏阴性的无芽孢杆菌接种到乳糖蛋白胨培养基中,于37 ℃下培养24 h,产酸、产气者证实为总大肠菌群。或者将上述无芽孢杆菌接种到乳糖蛋白胨半固体培养基中于37 ℃下培养6~8 h,产气者即可判定为总大肠菌群。

（7）总大肠菌群的计数

根据滤膜上生长的总大肠菌群菌落数和过滤的水样体积,即可计算出每 100 mL 水样中的总大肠菌群数。

4. 酶底物法

（1）样品稀释

水源水和自然水体的水通常不稀释。如果测定生活污水和工业废水时,则需要采用10

倍稀释法进行水样的稀释(注意使用无菌操作技术)。可根据需要稀释至 10^{-1} 或者 10^{-2} 的稀释度。

（2）接种

量取 100 mL 原水样或稀释水样,置于灭菌后的三角瓶中,加入 2.7 g±0.5 g MMO-MUG 培养基粉末,充分混匀,完全溶解后,全部倒入 97 孔定量盘内(图 15.2),以手抚平 97 孔定量盘背面,赶除孔内气泡,然后用程控定量封口机封口。观察 97 孔定量盘颜色,若出现类似或深于标准阳性比色盘的颜色,则需排查样品、培养基、无菌水等一系列因素后,终止实验或重新操作。每个水样制作 2 个 97 孔定量盘。用无菌水做对照,制作 2 个 97 孔定量盘。

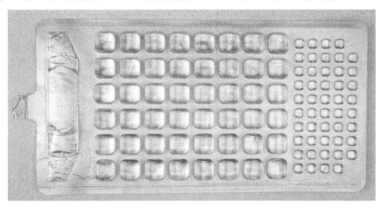

图 15.2　97 孔定量盘

（3）培养

将封口后的 97 孔定量盘放入恒温培养箱中于 37 ℃下培养 24 h,用于测定总大肠菌群和大肠杆菌。将封口后的 97 孔定量盘放入恒温培养箱中于 44.5 ℃下培养 24 h,用于测定粪大肠菌群。对照样做同样处理。

（4）菌群计数

对培养结束的 97 孔定量盘进行观察,样品变黄色则判断为总大肠菌群或粪大肠菌群阳性;样品变黄色且在紫外灯照射下有蓝色荧光,则判断为大肠杆菌阳性。如果结果可疑,可延长培养至 28 h 进行结果判读,超过 28 h 后出现的颜色反应不作为阳性结果。分别记录 97 孔定量盘中大孔和小孔的阳性孔数量。

（5）结果计算

从 97 孔定量盘法 MPN 表(参见中华人民共和国国家环境保护标准 HJ 1001—2018 附录 B)中查得每 100 mL 样品中总大肠菌群、粪大肠菌群数或大肠杆菌的 MPN 值(置信区间参见中华人民共和国国家环境保护标准 HJ 1001—2018 附录 C)后,再根据样品不同的稀释度,按照下式得到样品中总大肠菌群、粪大肠菌群数或大肠杆菌浓度(MPN/L):

$$C = \frac{MPN \times 1000}{f} \tag{15.2}$$

式中,C 为样品中总大肠菌群、粪大肠菌群数或大肠杆菌浓度,MPN/L;MPN 为每 100 mL 样品中总大肠菌群、粪大肠菌群数或大肠杆菌浓度,MPN/100 mL;×1000 为将 C 单位由

MPN/mL 转换为 MPN/L;f 为最大接种量,mL。

5. 实验后处理

所有培养物都要灭菌后作为废物处理。所使用器皿,要灭菌或消毒后,再进行清洗。

【实验结果】

1. 多管发酵法

拍照记录实验结果,并根据初发酵阳性管的数目计算 1 L 水样中总大肠菌群数(要有计算过程)。

2. 滤膜法

拍照记录实验结果,并根据滤膜上生长的总大肠菌群菌落数和过滤的水样体积,按下式计算 100 mL 水样中的总大肠菌群数(要有计算过程):

$$总大肠菌群数(CFU/100\ mL)=\frac{滤膜上生长的总大肠菌群菌落数}{过滤的水样体积(mL)}\times100$$

3. 酶底物法

拍照记录实验结果。并根据 97 孔定量盘实验结果,计算样品 1 L 水样中总大肠菌群、粪大肠菌群数或大肠杆菌的浓度(要有计算过程)。

【注意事项】

(1)采用多管发酵法测定池水、河水或湖水等水样中总大肠菌群时,水中有时所含总大肠菌群数量较多,因而将上述水样的稀释倍数适当增大,才能取得较理想结果。

(2)采用滤膜法进行各类水样中总大肠菌群测定时,每片滤膜上长出的菌落数以 20~50 个为宜。

(3)采用酶底物法时,可以使用标准阳性比色盘以辅助判读,但要注意标准比色盘要在保质期内。

【思考题】

(1)试比较总大肠菌群和大肠杆菌的区别。

(2)请查阅资料并思考,在多管发酵法测定过程中,为什么总大肠菌群经过伊红美蓝培养基的培养,会呈现紫黑色或紫红色。

(3)比较本实验中 3 种测定水中总大肠菌群方法的优缺点。

实验16 细菌生长曲线的测定

【实验目的】

(1) 了解细菌群体生长的基本特征及其繁殖规律。

(2) 学习利用分光光度计测定菌液浊度的原理,并掌握取样和测定方法。

(3) 掌握细菌生长曲线的绘制方法。

【实验概述】

微生物的生长可分为微生物的个体生长和微生物的群体生长。由于微生物个体微小,研究个体的生长技术难度较高。所以在微生物的实验和应用研究中,群体的生长才更有实际意义,微生物的群体生长是个体生长和个体繁殖的结果。微生物的群体培养方法有分批培养和连续培养。这两种方法既可用于纯菌种培养,也可用于混合菌种的培养,在生物发酵工程和污(废)水生物处理中具有重要应用。了解和研究微生物的群体生长规律,对于微生物的工程生产和工业化应用具有指导意义。

将一定量的微生物接种到一定容积的液体培养基中后,在适宜的条件下,进行分批培养(即培养过程中不添加或移除营养物质)时,细菌以二分裂的方式繁殖,细胞数量将随着培养时间的延长而发生规律性的变化。以培养时间为横坐标,微生物细胞数量的对数为纵坐标,可以作一条反映细菌群体在培养期间内生长变化规律的曲线,即细菌的生长曲线。一条典型的生长曲线可以划分为延滞期、对数生长期、稳定生长期和衰亡期4个时期。不同的微生物有不同的生长曲线,同一种微生物在不同的培养条件下,生长曲线也不一样。通过测定并绘制细菌的生长曲线,可了解不同细菌的生长变化规律。

测定微生物生长曲线的方法很多,有显微镜镜检计数法、平板菌落计数法、称重法、比浊法等。显微镜镜检计数法、平板菌落计数法都是通过测定微生物细胞的数量得到生长曲线,连续对微生物计数观察细胞数量的变化,一般每隔4 h测定一次细胞数量,取样越频繁,得到的曲线越接近微生物的真实生长情况。称重法主要针对不适于血球计数法及平板菌落计数法的微生物,如霉菌、放线菌等,通过测定不同时间微生物的湿重或干重了解其生长情况。比浊法利用的是细菌悬液的浓度与浊度的关系。光线通过细胞悬浮液时被散射,所以人用裸眼观察细胞悬浮液有一定浊度。悬浮液中细胞越多,则分散的光线越多,透过的光线就越少。因此,对于细菌而言,细胞数量与吸光度在一定范围内呈正相关。测量以吸光度表示的浊度具有快速、方便、准确等优点,所以常用浊度代替直接计数值来反映细菌生长状况。将所测得的吸光度(OD)与其对应的培养时间作图,即可绘出该菌在一定条件下的生长曲线。

本实验以大肠杆菌为代表,采用比浊法测定和绘制微生物的生长曲线。

【实验材料】

1. 菌种
大肠杆菌。

2. 培养基
牛肉膏蛋白胨液体培养基:配方见实验7。

3. 仪器设备
恒温振荡培养箱、722型或752型分光光度计、灭菌锅、摇床等。

4. 器皿
玻璃比色皿、三角瓶、移液管(或移液器)、接种环、酒精灯、面塞和试管等。

【实验步骤】

1. 大肠杆菌菌悬液的制备
取大肠杆菌斜面菌种1支,在超净工作台或无菌室内移取1~3环菌苔(无菌操作),接种至牛肉膏蛋白胨液体培养基试管中。于37 ℃下以170 r/min振荡培养16~24 h。

2. 校正零点
用移液管取2~3 mL未接种菌液的培养基至分光光度计的比色皿中,540 nm波长下调节分光光度计的零点,作为对照。

3. 接种
制备牛肉膏蛋白胨液体培养基100 mL,取10个试管,每个试管均匀分装5 mL培养液,灭菌、冷却。将10个培养试管分别编号为0、1、2、…、9,然后接种上述培养的大肠杆菌菌悬液(菌悬液接种前充分摇匀),每管接种0.1 mL,再轻轻摇荡使菌体分布均匀。0号试管不接种,作为空白对照。

4. 振荡培养
将接种后的10支培养试管置于摇床上,于37 ℃下以170 r/min振荡培养,分别在第0 h、3 h、6 h、9 h、12 h、15 h、18 h、21 h、24 h取出,立即在分光光度计上测定OD_{540}值(也可将样品放入冰箱,最后用比浊法测定光密度值)。0号空白对照试管在24 h时取出。

5. 生长量测定
将每隔一定时间取出的培养试管,用无菌移液管或滴管器通过无菌操作取2~3 mL菌悬液,加入比色皿中,测定OD_{540}。以未接种的牛肉膏蛋白胨液体培养基校正分光光度计的零点,后面每次测定都要重新校正零点。

6. 灭菌、消毒和清洗

测定结束,将培养物置于灭菌锅灭菌后,作为废弃物处理。将使用过的器皿置于沸水中煮20 min消毒后,清洗晾干。

【实验结果】

1. 结果记录

将各培养试管测定的时间和吸光度记录在表16.1中。

表16.1　生长过程中吸光度记录表

时间(h)	对照	0	3	6	9	12	15	18	21	24
OD_{540}										

2. 绘制生长曲线

以上述表格中的时间为横坐标,大肠杆菌OD_{540}的对数值为纵坐标,利用excel或origin软件处理数据并绘制生长曲线。

3. 观察生长曲线

根据生长曲线,指出本次培养条件下,大肠杆菌生长曲线的各个时期持续时间。

【注意事项】

(1) 培养基分装和接种时,要充分摇匀,尽可能保持各试管接种量一致。

(2) 在生长曲线测定中,一定要用空白的液体培养基随时校正仪器的零点。

(3) 测定吸光度前,也应充分摇匀试管,使菌悬液分布均匀。

【思考题】

(1) 造成大肠杆菌生长时存在延滞期的有原因有哪些? 怎样减少延滞期时间?

(2) 如何根据生长曲线,计算大肠杆菌所处的时期?

(3) 试讨论在污(废)水生物处理过程中,如何利用微生物的生长曲线规律实现最好的污染物去除效果。

实验 17　五日生化需氧量的测定

【实验目的】

(1) 了解五日生化需氧量(BOD_5)测定的原理及意义。

(2) 掌握五日生化需氧量的测定方法。

【实验概述】

生化需氧量(biochemical oxygen demand,BOD),是指在规定条件下,用微生物代谢作用所消耗的溶解氧量来间接表示水体被有机物污染程度的一个重要指标,主要用于监测水体中有机物的污染状况。地表水、工业废水和生活污水都含有各种有机物,在自然环境中,微生物利用这些有机物生长繁殖,最终将其缓慢分解,这个过程会消耗水中的溶解氧。因此,BOD 也是水体环境评估中要检测的一个重要指标。通常情况下将水样充满完全密闭的溶解氧瓶,在 20 ℃±1 ℃的暗处培养 5 d±4 h 或(2+5) d±4 h(先在 0~4 ℃的暗处培养 2 d,接着在 20 ℃±1 ℃的暗处培养 5 d,即培养(2+5) d),分别测定培养前后水样中溶解氧的质量浓度,由培养前后溶解氧的质量浓度之差,计算每升样品消耗的溶解氧量,以 BOD_5 形式表示。

当样品中的有机物含量较多,BOD_5 的质量浓度大于 6 mg/L 时,将样品适当稀释后测定。对含微生物少的工业废水,如酸性废水、碱性废水、高温废水、冷冻保存的废水或经过氯化处理等的废水,在测定 BOD_5 时应进行接种,以引进能分解废水中有机物的微生物。当废水中存在难以被一般生活污水中的微生物以正常的速度降解的有机物或含有剧毒物质时,应将驯化后的微生物引入水样中进行接种。在冬季测定 BOD_5 时,常因藻类等生长造成水样中含过饱和的溶解氧,需要将水样在 20 ℃±1 ℃剧烈振荡,以去除过饱和的溶解氧。

水中溶解氧量可采用膜电极法和碘量法测定。膜电极法(使用溶解氧测定仪)的探头用选择性膜封闭,内充有电解质并有两个电极。O_2 可以通过这层膜,但水和可溶性离子几乎不能通过。在一定温度下,电流与电解质层氧的传递速度(即水中氧的含量)成正比。碘量法测定溶解氧是在水样中加入 $MnSO_4$ 和碱性 KI 溶液,溶解氧与刚刚生成的 $Mn(OH)_2$ 反应,生成棕色的四价锰化合物沉淀。加入 H_2SO_4 后,生成的四价锰化合物将 KI 氧化,游离出 I_2,用 $Na_2S_2O_3$ 溶液测定游离出来的 I_2,即可计算水中的溶解氧含量。本实验采用碘量法测定。

【实验材料】

1. 实验样品

地表水、污水处理厂的出水或生活污水(COD≤300 mg/L,TOC≤100 mg/L)等。

2. 试剂

(1) BOD_5测定培养试剂

① HCl溶液(0.5 mol/L):将40 mL浓盐酸(HCl)溶于水中,稀释至1000 mL。

② NaOH溶液(0.5 mol/L):将20 g NaOH溶于水中,稀释至1000 mL。

③ 磷酸盐缓冲溶液:将8.5 g磷酸二氢钾(KH_2PO_4)、21.8 g磷酸氢二钾(K_2HPO_4)、33.4 g七水合磷酸氢二钠($Na_2HPO_4·7H_2O$)和1.7 g氯化铵(NH_4Cl)溶于水中,稀释至1000 mL。

④ $CaCl_2$溶液(27.6 g/L):将27.6 g无水氯化钙($CaCl_2$)溶于水中,稀释至1000 mL。

⑤ $FeCl_3$溶液(0.15 g/L):将0.25 g 六水合氯化铁($FeCl_3·6H_2O$)溶于水中,稀释至1000 mL。

⑥ $MgSO_4$溶液(11.0 g/L):将22.5 g七水合硫酸镁($MgSO_4·7H_2O$)溶于水中,稀释至1000 mL。

试剂②~⑤在0~4 ℃可稳定保存6个月。若发现任何沉淀或微生物生长应弃去。

⑦ 稀释水:在5~20 L的玻璃瓶中加入一定量的水,控制水温在20 ℃±1 ℃,用曝气装置至少曝气1 h,使稀释水中的溶解氧达到8 mg/L以上。使用前每升水中加入上述四种盐溶液③~⑥各 1.0 mL,混匀,20 ℃下保存。在曝气的过程中防止污染,特别是防止带入有机物、金属、氧化物或还原物。稀释水中氧的质量浓度不能过饱和,使用前需开口放置1 h,且应在24 h内使用。剩余的稀释水应弃去。

⑧ Na_2SO_3溶液(0.025 mol/L):将1.575 g亚硫酸钠(Na_2SO_3)溶于水中,稀释至1000 mL。此溶液不稳定,需现配现用。

⑨ 接种液:可购买接种微生物用的接种物质,接种液的配制和使用按说明书的要求操作。也可按以下方法获得接种液:

a. 未受工业废水污染的生活污水:COD≤300 mg/L,TOC≤100 mg/L。

b. 含有城镇污水的河水或湖水。

c. 污水处理厂的出水。

d. 分析含有难降解物质的工业废水时,在其排污口下游适当处取水样作为废水的驯化接种液。也可取中和或经适当稀释后的废水进行连续曝气,每天加入少量该种废水,同时加入少量生活污水,使适应该种废水的微生物大量繁殖。当水中出现大量的絮状物时,表明微生物已繁殖,可用作接种液。一般驯化过程需3~8 d。

⑩ 葡萄糖-谷氨酸标准溶液:将葡萄糖和谷氨酸在130 ℃下干燥1 h,各取150 mg,溶于蒸馏水中,定容至1000 mL。此溶液的BOD_5为210 mg/L±20 mg/L。现配现用,也可以分装后于−20 ℃冻存,每次取一份融化后使用。

（2）溶解氧测定试剂（碘量法）

① H_2SO_4 溶液（$V_{浓硫酸}:V_水=1:1$）：将 500 mL 浓 H_2SO_4 缓慢加入 500 mL 蒸馏水中，边加边搅拌，待冷却。

② H_2SO_4 溶液（2 mol/L）：将 20 mL 浓 H_2SO_4 缓慢加入 165 mL 蒸馏水中，边加边搅拌。

③ 碱性 KI 溶液：将 35 g NaOH 和 30 g KI 溶解于蒸馏水中，定容至 100 mL，保存于棕色瓶中。

④ $MnSO_4$ 溶液（340 g/L）：称取 45 g 硫酸锰（$MnSO_4 \cdot 5H_2O$），溶于 100 mL 蒸馏水中，过滤，并于滤液中加 1 mL 浓硫酸，保存于磨口塞的试剂瓶中，此溶液应澄清透明，无沉淀物。

⑤ 乙酸溶液（1:1）：取乙酸和蒸馏水，按体积比 1:1 进行配制。

⑥ $Na_2S_2O_3$ 标准溶液（约 0.01 mol/L）：称取 $Na_2S_2O_3 \cdot 5H_2O$ 2.5 g，溶解于新煮沸并冷却的水中，再加 0.4 g NaOH，稀释至 1000 mL，保存于棕色瓶中。

⑦ 淀粉溶液（5 g/L）：将 0.5 g 淀粉溶于水中，稀释至 100 mL。现配现用。

⑧ 丙烯基硫脲硝化抑制剂（1.0 g/L）：溶解 0.20 g 丙烯基硫脲（$C_4H_8N_2S$）于 200 mL 水中，混合均匀，4 ℃保存，此溶液可稳定保存 14 d。

⑨ KI 溶液（100 g/L）：将 10 g KI 溶于水中，稀释至 100 mL。

3. 仪器设备

20 ℃±1 ℃恒温培养箱、冰箱、冷藏箱等。

4. 器皿和其他材料

虹吸管、冰箱、曝气装置（如空气泵）、大玻璃瓶（3000 mL）、量筒（1000 mL）、溶解氧瓶（250 mL）、助吸器、移液管等。

【实验步骤】

1. 前处理

（1）样品采集

用棕色玻璃瓶采集地表水（如河水、湖水等）。采样方法同实验 14 的水样采集。

采集的样品应充满棕色玻璃瓶并立即密封，样品量不小于 1000 mL，在 0～4 ℃的避光下运输和保存，并于 24 h 内尽快分析。如果不能在 24 h 内分析，需要冰冻保存。后续测试前，解冻后混匀，再进行接种、测试。

（2）pH 调节

分析前，测定其 pH，若样品或稀释后样品 pH 不在 6～8 范围内，应用 0.5 mol/L 的 HCl 溶液或 0.5 mol/L 的 NaOH 溶液，调节其 pH 至 6～8。

（3）余氯和结合氯的去除

若样品中含有少量余氯，一般在采样后放置 1～2 h，游离氯即可消失。

对于在短时间内不能消失的余氯，可加入适量 Na_2SO_3 溶液去除样品中存在的余氯和结合氯，加入的 Na_2SO_3 溶液的量由下述方法确定：

取已中和好的水样 100 mL,加入体积比为 1∶1 的乙酸溶液 10 mL、100 g/L 的 KI 溶液 1 mL,混匀,避光静置 5 min。用 0.025 mol/L 的 Na_2SO_3 溶液滴定析出的 I_2 至淡黄色,加入 1 mL 5 g/L 的淀粉溶液呈蓝色。再继续滴定至蓝色刚刚褪去,即为终点,记录所用 Na_2SO_3 溶液体积,由 Na_2SO_3 溶液消耗的体积,计算出水样中应加亚硫酸钠溶液的体积。

（4）样品均质化

对于含有大量颗粒物的水样、需要较大稀释倍数的样品或经冷冻保存的样品,测定前均要将样品搅拌均匀。

（5）藻类

若样品中有大量藻类,BOD_5 的测定结果会偏高。当分析结果精度要求较高时,测定前样品应用滤孔为 1.6 μm 的滤膜过滤。

（6）含盐量低的样品

当样品含盐量低,非稀释样品的电导率小于 125 μS/cm 时,需加入适量相同体积的四种盐溶液,即磷酸盐缓冲溶液、硫酸镁溶液、氯化钙溶液和氯化铁溶液,使样品的电导率大于 125 μS/cm。每升样品中至少需加入各种盐的体积 V 按下式计算:

$$V = \frac{\Delta K - 12.8}{113.6} \tag{17.1}$$

式中,V 为需加入各种盐的体积,mL;ΔK 为样品需要提高的电导率值,μS/cm。

2. BOD_5 分析方法

可以采用非稀释法或者稀释法。

（1）非稀释法

非稀释法也分为两种情况:非稀释法和非稀释接种法。如果样品中的有机物含量较少,BOD_5 的质量浓度不大于 6 mg/L,且样品中有足够的微生物,则采用非稀释法测定。若样品中的有机物含量较少,BOD_5 的质量浓度不大于 6 mg/L,但样品中无足够的微生物,如酸性废水、碱性废水、高温废水、冷冻保存的废水或经过氯化处理的废水等,则采用非稀释接种法测定。

① 准备待测水样

测定前,使待测试样的温度达到 20 ℃左右,若样品中溶解氧浓度低,可以用曝气装置曝气 15 min,充分振摇赶走样品中残留的空气泡;若样品中氧过饱和,将样品充满样品容器 2/3 体积,用力振荡赶出过饱和氧,然后根据试样中微生物含量情况确定测定方法。对于非稀释法,可直接取样测定;对于非稀释接种法,向每升试样中加入适量的接种液,即试剂⑨,待测定。若试样中含有硝化细菌,有可能发生硝化反应,需在每升试样中加入 2 mL 丙烯基硫脲硝化抑制剂。

② 准备空白对照水样

在使用非稀释接种法测定时,每升稀释水中加入与试样中相同量的接种液作为空白试样,需要时每升试样中可加入 2 mL 丙烯基硫脲硝化抑制剂。

③ 培养

将待测水样充满两个溶解氧瓶中,使试样少量溢出,防止试样中的溶解氧质量浓度改变,使瓶中存在的气泡靠瓶壁排出。将其中一瓶盖上瓶盖,加上水封,在瓶盖外罩上一个密封罩,防止培养期间水封水蒸发干,在恒温培养箱中于20 ℃下培养5 d±4 h。另一瓶15 min后测定水样在培养前溶解氧的质量浓度。注意培养前溶解氧含量应该大于8 mg/L,培养后应大于2 mg/L。用溶解氧瓶分装稀释水或接种稀释水进行同样的测试作为阴性对照,用葡萄糖-谷氨酸标准溶液进行同样的测试作为阳性对照。

④ 水样的测定

方法一:碘量法测定试样中的溶解氧。

a. $Na_2S_2O_3$ 标准溶液的标定。$Na_2S_2O_3$ 标准溶液需要在使用当天用 KIO_3 溶液进行标定。在三角瓶中加入150 mL蒸馏水和约0.5 g的KI,溶解后加入5 mL 2 mol/L的 H_2SO_4 溶液,混匀后再加入20 mL KIO_3 溶液,加水至约200 mL,立即用 $Na_2S_2O_3$ 溶液滴定释放出来的 I_2。当接近滴定终点时,溶液呈浅黄色,加淀粉溶液数滴,再滴定至完全无色,记录消耗的 $Na_2S_2O_3$ 溶液体积 V(mL),计算 $Na_2S_2O_3$ 浓度:

$$c\,(\text{mmol/L}) = \frac{199.2}{V}$$

b. 溶解氧的固定。用250 mL具塞细口瓶取样,取样后马上加入 $MnSO_4$ 溶液1 mL和碱性KI溶液2 mL,试剂应小心加到液面以下,盖上塞子,避免空气进入,颠倒混匀。

c. I_2 的游离。将细口瓶在台面静置,确保沉淀物已经沉降至细口瓶下1/3部位。吸出1.5 mL上清液,缓慢加入1.5 mL H_2SO_4 溶液($V_{浓硫酸}:V_水=1:1$),盖上瓶盖,摇动瓶子,要求瓶中沉淀物完全溶解,且 I_2 分布均匀。

d. 滴定。将步骤c的溶液转移至三角瓶中,用 $Na_2S_2O_3$ 溶液滴定,方法同 $Na_2S_2O_3$ 标准溶液的标定。按照下式计算样品的溶解氧含量:

$$\rho\,(\text{mg/L}) = \frac{M_r \times V_2 \times c \times V_0}{4 \times V_1 \times (V_0 - V')} \tag{17.2}$$

式中,M_r 为 O_2 相对分子质量,即32;V_0 为细口瓶体积,mL;V_1 为滴定的样品体积,mL(若滴定细口瓶内为全部样品,则 $V_1=V_0$);V_2 为滴定时消耗 $Na_2S_2O_3$ 标准溶液的体积,mL;V' 为滴定时加入的 $MnSO_4$ 溶液和碱性KI溶液的总体积,mL;c 为滴定用 $Na_2S_2O_3$ 标准溶液的实际浓度,mol/L。

方法二:膜电极法测定试样中的溶解氧浓度。

按照溶解氧测定仪的厂家说明书中的步骤进行调节和测定。注意更换透过膜后,要使膜充分润湿再使用。同时测定空白对照组。

非稀释法按照下式计算得到 BOD_5 的测定结果:

$$\rho = \rho_1 - \rho_2 \tag{17.3}$$

式中,ρ 为五日生化需氧量质量浓度,mg/L;ρ_1 为水样在培养前的溶解氧质量浓度,mg/L;ρ_2 为水样在培养后的溶解氧质量浓度,mg/L。

非稀释接种法按下式计算样品 BOD_5 的测定结果：

$$\rho = (\rho_1 - \rho_2) - (\rho_3 - \rho_4) \tag{17.4}$$

式中，ρ 为五日生化需氧量质量浓度，mg/L；ρ_1 为接种水样在培养前的溶解氧质量浓度，mg/L；ρ_2 为接种水样在培养后的溶解氧质量浓度，mg/L；ρ_3 为空白样在培养前的溶解氧质量浓度，mg/L；ρ_4 为空白样在培养后的溶解氧质量浓度，mg/L。

（2）稀释法

本方法也可以分为两种类型：稀释法和稀释接种法。

若试样中的有机物含量较多，BOD_5 的质量浓度大于 6 mg/L，且样品中有足够的微生物，采用稀释法测定；若试样中的有机物含量较多，BOD_5 的质量浓度大于 6 mg/L，但试样中无足够的微生物，采用稀释接种法测定。

① 待测水样的准备

待测试样的温度达到 20 ℃左右，若试样中溶解氧浓度低，需要用曝气装置曝气 15 min，充分振摇赶走样品中残留的气泡；若样品中氧过饱和，将样品充满容器的 2/3 体积，用力振荡赶出过饱和氧，然后根据试样中微生物含量情况确定测定方法。用稀释法测定时，稀释倍数按表 17.1 和表 17.2 方法确定，然后用稀释水稀释。用稀释接种法测定时，用接种稀释水稀释样品。若样品中含有硝化细菌，有可能发生硝化反应，需在每升试样培养液中加入 2 mL 丙烯基硫脲硝化抑制剂。

稀释倍数的确定：样品稀释的程度应使消耗的溶解氧质量浓度不小于 2 mg/L，培养后样品中剩余溶解氧质量浓度不小于 2 mg/L，且试样中剩余的溶解氧的质量浓度为开始浓度的 1/3～2/3 为最佳。稀释倍数可根据样品的总有机碳（TOC）、高锰酸盐指数（I_{Mn}）或化学需氧量（COD_{Cr}）的测定值，按照表 17.1 列出的 BOD_5 与总有机碳（TOC）、高锰酸盐指数（I_{Mn}）或化学需氧量（COD_{Cr}）的比值 R 估计 BOD_5 的期望值（R 与样品的类型有关），再根据表 17.2 确定稀释倍数。当不能准确地选择稀释倍数时，一个样品做 2～3 个不同的稀释倍数。

表 17.1　典型的比值 R

水样类型	总有机碳 R（BOD_5/TOC）	高锰酸盐指数 R（BOD_5/I_{Mn}）	化学需氧量 R（BOD_5/COD_{Cr}）
未处理的废水	1.2～2.8	1.2～1.5	0.35～0.65
生化处理的废水	0.3～1.0	0.5～1.2	0.20～0.35

由表 17.1 选择适当的 R 值，按下式计算 BOD_5 的期望值：

$$\rho = R \times Y \tag{17.5}$$

式中，ρ 为五日生化需氧量浓度的期望值，mg/L；Y 为总有机碳（TOC）、高锰酸盐指数（I_{Mn}）或化学需氧量（COD_{Cr}）的值，mg/L。

由估算出的 BOD_5 的期望值，按表 17.2 确定样品的稀释倍数。

表 17.2　BOD$_5$的测定稀释倍数

BOD$_5$的期望值	稀释倍数	水　样　类　型
6~12	2	河水,生物净化的城市污水
10~30	5	河水,生物净化的城市污水
20~60	10	生物净化的城市污水
40~120	20	澄清的城市污水或轻度污染的工业废水
100~300	50	轻度污染的工业废水或原城市污水
200~600	100	轻度污染的工业废水或原城市污水
400~1200	200	重度污染的工业废水或原城市污水
1000~3000	500	重度污染的工业废水
2000~6000	1000	重度污染的工业废水

按照确定的稀释倍数,将一定体积的试样或处理后的试样用虹吸管加入已加部分稀释水或接种稀释水的稀释容器中,加稀释水或接种稀释水至刻度,轻轻混合避免残留气泡,待测定。若稀释倍数超过100倍,可进行两步或多步稀释。若试样中有微生物毒性物质,应配制几个不同稀释倍数的试样,选择与稀释倍数无关的结果,并取其平均值。试样测定结果与稀释倍数的关系如下:

当分析结果精度要求较高或存在微生物毒性物质时,一个试样要做两个以上不同的稀释倍数,每个试样每个稀释倍数做平行双样同时进行培养。测定培养过程中每瓶试样氧的消耗量,并画出氧消耗量对每一稀释倍数试样中原样品的体积曲线。若此曲线呈线性,则此试样中不含有任何抑制微生物的物质,即样品的测定结果与稀释倍数无关。若曲线仅在低浓度范围内呈线性,取线性范围内稀释比的试样测定结果计算平均BOD$_5$值。

② 空白对照试样的准备

同非稀释法。

③ 培养和水样的测定方法

同非稀释法。

④ 计算结果

稀释法与稀释接种法按下式计算样品BOD$_5$的测定结果:

$$\rho = \frac{(\rho_1 - \rho_2) - (\rho_3 - \rho_4) \times f_1}{f_2} \tag{17.6}$$

式中,ρ为五日生化需氧量质量浓度,mg/L;ρ_1为接种稀释水样在培养前的溶解氧质量浓度,mg/L;ρ_2为接种稀释水样在培养后的溶解氧质量浓度,mg/L;ρ_3为空白样在培养前的溶解氧质量浓度,mg/L;ρ_4为空白样在培养后的溶解氧质量浓度,mg/L;f_1为接种稀释水或稀释水在培养液中所占的比例;f_2为原样品在培养液中所占的比例。

如果有几个稀释倍数的结果满足要求,取这些稀释倍数结果的平均值。

3. 质量检查

做一个标准样品作为质量检查的标准,样品的配制方法如下:取20 mL葡萄糖-谷氨酸标准溶液,置于稀释容器中,用接种稀释水稀释至1000 mL,测定BOD_5,结果应在180~230 mg/L范围内。

【实验结果】

(1)计算稀释法或非稀释法的溶解氧含量。

(2)根据培养前后的溶解氧含量,计算水样BOD_5。

【注意事项】

(1)培养瓶中要充满水样,残留气泡中的氧会影响分析结果,常使测定值偏高。

(2)碘量法测定溶解氧是标准方法,较为准确,但是过程比较烦琐。也可以采用膜电极法(溶解氧测定仪)进行测定,具体操作参照仪器的说明书。

(3)用稀释法测定时,稀释倍数要综合考虑水样总有机碳、高锰酸盐指数或化学需氧量的测定值,根据系数来确定。

【思考题】

(1)接种液在BOD_5测定中的主要作用是什么?

(2)在BOD_5测定中应注意哪些方面? 为什么?

(3)要使测定结果较准确,在BOD_5的测定过程中,应该注意哪些问题?

实验18 空气中微生物数量的检测

【实验目的】

(1) 了解空气中微生物的分布状况。

(2) 掌握空气中微生物的采样方法。

(3) 掌握空气中微生物的检测和计数方法。

【实验概述】

空气对于人类和动植物的生存来说都是不可缺少的,在工业生产中用途也非常广泛。虽然空气不是适合微生物生存的良好环境,其中缺乏微生物生长的必要的营养物质和充足的水分,但空气中仍存在着相当数量的微生物。微生物可以通过空气进行传播。空气中微生物主要来自土壤的灰尘、水面吹起的小液滴、人和动物体表干燥的脱落物和呼吸所带出的排泄物及工业、农业和畜牧业的生产活动产生的微生物等。空气中微生物的数量直接取决于空气中尘埃和地面微生物的多少。大工业城市上空微生物最多,乡村次之,森林、草地、田野上空比较清洁,海洋、高山及冰雪覆盖的地面上空微生物最稀少。同时,微生物在空气中的浓度与海拔高度成反比。空气质量与人类健康密切相关,空气中微生物的多少是表征空气质量的重要标准。

研究空气中的微生物,采样技术是基础。根据微生物的分布和研究目标的不同,采样器的选择直接关系到最终的研究结果和评价的准确性。常见的空气采样器,大致可分为5类,即过滤阻留类、温差迫降类、惯性撞击类、生物采样类和静电沉着类。不同类型的空气微生物采样器有不同的特点,如液体撞击式采样器,其旋转液体的方法极大地提高了采样效率,但其采样过程中产生的压力可能会对微生物的形态或生物活性产生影响。因此,常用联合技术完成空气微生物的采集。

本实验采用自然沉降法和过滤法采集空气微生物,并进行微生物大致种类的识别和计数。自然沉降法是将平板的皿盖打开,使培养基在空气中暴露一定时间。空气中的微生物在重力作用下自然沉降在平板上,经培养后进行后续研究。空气中微生物越多,则平板上菌落数越多。自然沉降法的优点是操作简便,一般用于检测室内环境(如净化实验室和手术室等)的洁净程度,但结果稳定性较差。过滤法是将一定量的空气通过无菌吸附剂(水或生理盐水)来收集空气中的微生物,然后对收集了微生物的吸附剂进行平板菌落计数。

【实验材料】

1. 培养基

（1）牛肉膏蛋白胨固体培养基（培养细菌）：配方同实验7。

（2）高氏1号培养基（培养放线菌）：配方同实验7。

（3）查氏培养基（蔗糖硝酸钠培养基，培养霉菌）：蔗糖30 g，K_2HPO_4 1 g，KCl 1 g，$NaNO_3$ 2 g，$MgSO_4 \cdot 7H_2O$ 0.5 g，$FeSO_4 \cdot 7H_2O$ 0.01 g，蒸馏水1000 mL，pH为5.0～6.5。

2. 主要试剂

蛋白胨、牛肉膏、琼脂、NaCl、NaOH、盐酸、可溶性淀粉、蔗糖、KCl、$NaNO_3$、$MgSO_4 \cdot 7H_2O$、$FeSO_4 \cdot 7H_2O$、KNO_3、无菌水等。

3. 仪器设备

灭菌锅、超净工作台、恒温培养箱等。

4. 器皿

三角瓶、培养皿、酒精灯、洗瓶及接种用具等。

【实验步骤】

1. 自然沉降法

（1）平板制备

配制实验材料中的培养基，分别用灭菌锅灭菌后，冷却至50 ℃左右，在超净工作台上，各倒若干平板备用（使用无菌操作技术）。

（2）沉降法取样

取出上述3种培养基的平板各3个，在室外打开皿盖，分别暴露于空气中15 min。另取出上述3种培养基的平板若干，根据室内现场大小，选择有代表性的位置设采样点（室内空气采样，一般小于30 m² 的居室设3个点，30 m² 以上居室或公共场所应设5个点，东西南北中各1个点），距墙1 m处。营养琼脂平板距地面1.5 m，在同一时间揭开皿盖，分别暴露15 min后，盖上皿盖。每个地点设置3个平行实验。

（3）培养

① 将牛肉膏蛋白胨固体培养基平板于37 ℃，倒置培养1 d。

② 将高氏1号培养基平板于28 ℃，倒置培养7～10 d。

③ 将查氏培养基平板，倒置培养5 d。

（4）观察和计数

培养结束后，观察各种菌落的形态、大小、颜色等特征，并统计其菌落数。

（5）结果统计

分别统计3个平板菌落数，结果以CFU/皿表示；或者统计3个平板菌落总数。根据下式计算出每立方米空气中所含菌落数：

$$空气菌落数(CFU/m^3) = \frac{5000N}{A \times T} \tag{18.1}$$

式中，N 为培养后平板上菌落数，CFU；A 为平板面积，cm^2；T 为暴露时间，min。

2. 采样器采样法

以细菌为例。

（1）装置的准备

采样瓶用橡胶塞密封，漏斗和采样瓶、采样瓶和储液瓶之间用胶管与玻璃管连接。检查装置的密闭性。把采样瓶和连接的橡胶塞、进气管、漏斗、出气管（塞入合适大小的棉花团）等一起置于灭菌锅中，121 ℃下灭菌 30 min，烘干备用。储液瓶、配套胶塞以及玻璃管不需要灭菌。

（2）装置的组装

① 在储液瓶中加入适量蒸馏水，打开排水龙头至蒸馏水不再流出，关闭排水龙头。

② 向①中加入 5 L 蒸馏水，盖紧胶塞。然后，将 50 mL 无菌生理盐水加入采样瓶中，盖上胶塞，调节采样瓶中两根玻璃管的高度，进气管插入液面以下，而出气管位于液面上的近瓶塞处。

③ 连接采样瓶和储液瓶。

（3）过滤采样

旋开储液瓶的龙头，蒸馏水缓慢流出，空气逐渐进入采样瓶中，空气中的颗粒物（包括微生物）被收集在采样瓶的无菌生理盐水中。当蒸馏水不再流出时，关闭水龙头。取下采样瓶，换上预先准备的合适大小的棉塞，混匀瓶中的液体，备用。

（4）培养基的制备

制备牛肉膏蛋白胨固体培养基，方法同实验7。灭菌后，冷却到 50 ℃左右。

（5）混合平板

混匀采样瓶中的生理盐水样品，用移液管取 1.0 mL，加在无菌培养皿中央，马上倒入冷却至 50 ℃的熔化状态的牛肉膏蛋白胨固体培养基 15 mL，迅速混匀，平置台面待凝固（采用无菌操作技术）。重复做3个平行样。

（6）培养

将平板放于培养箱中 37 ℃下倒置培养 1 d，观察平板中的菌落并计数。根据下式计算每立方米空气中的菌落数：

$$X(CFU/m^3) = \frac{N \times V_2}{V_1 \times V_w} \tag{18.2}$$

式中，X 为每立方米空气中的菌落数，CFU；N 为平板的平均菌落数，CFU；V_1 为每个平板中加入的收集液的体积，mL；V_2 为生理盐水收集液的体积，mL；V_w 为收集样品所用的空气体积，m^3。

【实验结果】

（1）根据自然沉降法，记录空气中微生物的种类和相对数量。

（2）比较不同放置地点空气菌落种类及数量的差异。

（3）根据过滤法，记录空气中微生物的相对数量。

【注意事项】

（1）在自然沉降法中，选用的培养皿直径不宜小于9 cm。

（2）选择采样点时应尽量避开空调、门窗等气流变化较大处，选择背风处，否则影响取样效果，尤其是野外暴露取样时更应注意。

（3）采用过滤装置过滤空气时，要注意各个连接部位应连接牢靠，具有良好的气密性。

【思考题】

（1）空气微生物的来源及特征是什么？

（2）比较自然沉降法和过滤法结果的差异。

实验19　土壤中常见微生物的计数和分离

【实验目的】

(1) 了解土壤中常见的微生物组成和数量。

(2) 掌握土壤中各类常见微生物活菌计数的方法。

(3) 初步掌握分离土壤中细菌、放线菌、酵母菌和霉菌的基本技术。

【实验概述】

在自然条件下,微生物常以群落状态存在。土壤含有微生物生长所需的营养物质和供微生物繁殖的各种条件,是微生物的大本营,存在着数量庞大的各类微生物。常见的土壤异养微生物包括细菌、放线菌、酵母和霉菌等。不同土壤中,微生物的组成和数量千差万别。此外,土壤中的微生物参与土壤中氮元素、磷元素、钾元素、硫元素等的循环,微生物的活动对土壤肥力和组成也有重要作用。因此,明确土壤中微生物的组成和数量,有助于了解土壤的营养情况,发现具有重要经济和功能应用价值的微生物。

如果研究某种微生物的特性或者大量培养和使用某种微生物,则要从这些混杂的微生物群落中获得所需微生物的纯培养物。根据土壤中微生物的分类情况,可以制备相应的培养基对土壤微生物进行培养。若要分离某类特定微生物,还可以向土壤菌悬液或培养基中添加相应的抗生素抑制不需要的微生物生长。例如,添加链霉素 $25\sim50$ U/mL 可抑制细菌的生长;在分离细菌时为防止其他微生物如霉菌的干扰,可添加 0.5% 重铬酸钾溶液或制霉菌素 50 U/mL 抑制霉菌的生长。土壤中的细菌可以用牛肉膏蛋白胨固体培养基分离和计数;放线菌可以使用高氏1号培养基分离和计数;分离真菌则可以使用PDA培养基。通过平板划线分离法、涂布平板分离法和浇注平板分离法,让微生物分散在平板上,在适当条件下培养形成单个菌落,挑取单菌落接种至相应的新鲜培养基上,即获得纯培养物。

【实验材料】

1. 实验样品
土壤。

2. 培养基
(1) 牛肉膏蛋白胨固体培养基:配方及配制方法同实验7。

（2）高氏1号培养基：配方及配制方法同实验7。

（3）PDA培养基：配方及配制方法同实验7。分别用蔗糖和葡萄糖配制培养基。

3. 试剂

（1）链霉素溶液（5000 U/mL）：取链霉素0.5 g，溶解于适量生理盐水中，定容至100 mL。

（2）重铬酸钾溶液（5 mg/mL）：取重铬酸钾 0.5 g，溶解于适量生理盐水中，定容至100 mL。

（3）生理盐水。

4. 仪器设备

恒温培养箱、灭菌锅等。

5. 器皿和其他材料

三角瓶、培养皿、试管、移液管或微量可调移液器（1 mL和5 mL）、量筒、天平、研钵、玻璃珠、棉塞、线绳、电子点火器、酒精灯、水浴锅等。

【实验步骤】

1. 土壤稀释悬液的制备

（1）采集土壤样品

采集菜园土、果园土或林地土样品。去除枝叶、石头等杂物，用无菌铲取10 g土壤样品，放入无菌袋中，带回实验室。

（2）制备土壤悬液

在超净工作台或无菌室内，称取10 g土壤，置于研钵中研磨成粉末，混合均匀。然后，将土壤放入酒精灯火焰旁装有90 mL无菌水的三角瓶中封口（使用无菌操作技术）。置于摇床上振荡约10 min。此即为稀释度10^{-1}的土壤悬液。

（3）制备土壤稀释液

用10倍稀释法进行土壤样品的稀释。首先混匀三角瓶中的稀释度为10^{-1}的稀释液，取5支试管，用无菌生理盐水将10^{-1}的土壤悬液逐级稀释至10^{-2}、10^{-3}、10^{-4}、10^{-5}和10^{-6}。操作步骤同实验8。

2. 分离微生物

（1）细菌的计数和分离

采用平板菌落计数法计算土壤样品中的细菌总数。

① 熔化培养基

取已经制备好的无菌牛肉膏蛋白胨固体培养基，熔化后冷却至50 ℃。

② 标记培养皿

取10个无菌培养皿，分别标记为细菌10^{-4}、细菌10^{-5}和细菌10^{-6}各3个，另取1个培养皿，作为空白对照。

③ 混合平板

取 10^{-6} 稀释度试管,摇匀后取 1 mL 稀释液,加入到相应标记的培养皿中。然后,马上倒入步骤①冷却至 50 ℃的牛肉膏蛋白胨固体培养基中,迅速晃动混匀,立刻平放于台面至彻底凝固。同样方法制作 10^{-4} 和 10^{-5} 稀释液的混合平板。加入无菌生理盐水 1 mL 代替土壤悬液,制作空白对照平板。

④ 培养和计数

将混合平板倒置于 28~30 ℃下培养 1 d,观察细菌菌落形态并统计各皿的菌落数。按照每皿平均菌落数在 30~300 范围的稀释度计算每克湿土壤样品的细菌活菌数(CFU/g 湿土壤)。

(2) 放线菌的分离和计数

① 熔化培养基

彻底熔化高氏 1 号培养基,冷却至 50 ℃,加入重铬酸钾溶液至终含量为 50 μg/mL,轻轻摇动,混匀备用。

② 标记培养皿

取 10 个无菌培养皿,分别标记为放线菌 10^{-3}、放线菌 10^{-4} 和放线菌 10^{-5} 各 3 个,另取 1 个培养皿,作为空白对照。

③ 混合平板

取 10^{-5} 稀释液,混匀,用无菌移液管移取 1 mL,加入到相应标记的培养皿中。马上倒入冷却至 50 ℃熔化状态的高氏 1 号培养基约 15 mL,迅速晃动混匀,立刻平放于台面至彻底凝固。同样操作下,混合其他梯度稀释液和空白的放线菌测定平板。加入无菌生理盐水 1 mL 代替土壤悬液,制作空白对照平板。

④ 培养和计数

将混合平板倒置于 28~30 ℃下培养 5~6 d,观察放线菌菌落形态并计算各皿的菌落数。土壤中的放线菌数目的计算方法同细菌。

(3) 分离霉菌

① 熔化培养基

彻底熔化配制好的无菌 PDA 培养基(含蔗糖),冷却至 50 ℃,加入链霉素溶液至终含量为 50 μg/mL,混匀备用。

② 标记培养皿

取 10 个无菌培养皿,分别标记为霉菌 10^{-2}、霉菌 10^{-3} 和霉菌 10^{-4} 各 3 个,另取 1 个培养皿,作为空白对照。

③ 倒平板

操作方法同实验 7。

④ 培养和计数

将平板倒置于 28~30 ℃下培养 5~6 d,观察霉菌菌落形态,并统计各皿的菌落数。如霉菌数量较多,培养 3 d 时计数一次,培养 5 d 时再计数一次。按照每皿菌落数在 10~100 范围的稀释度计算每克湿土壤样品中的霉菌活菌数(CFU/g湿土壤)。

（4）酵母菌的分离

① 富集培养

取2支酵母菌富集培养基试管,每管中加入土壤样品0.3 g,置于恒温振荡培养箱中,于28 ℃下以220 r/min振荡培养3 d。如培养过程中出现菌丝团(霉菌),用接种环或接种钩挑出后继续培养。

② 划线分离

熔化已配制好的无菌PDA培养基(含葡萄糖),冷却至50 ℃,加入链霉素溶液至终含量为50 μg/mL,混匀后倒平板。彻底冷却后取富集培养的菌悬液,划线分离。划线接种步骤参见实验8。

③ 培养

将划线接种后的平板置于28～30 ℃下培养3 d。培养结束后,观察酵母菌菌落形态。

【实验结果】

（1）拍照记录土壤样品的细菌菌落的形态结构,并计算每克湿土壤样品中的细菌活菌数。

（2）拍照记录土壤样品的放线菌菌落的形态结构,并计算每克湿土壤样品中的放线菌活菌数。

（3）拍照记录土壤样品的霉菌菌落的形态结构,并计算每克湿土壤样品中的霉菌活菌数。

（4）拍照记录酵母菌落特征和个体形态。

【注意事项】

（1）制备混合液平板时,链霉素溶液不要在培养基注入前与土壤稀释液相混。

（2）倾注的培养基温度不宜太高,特别是制备混合液平板时,过高的温度会烫死微生物。

（3）真菌计数时,快速生长的一些霉菌影响计数的准确性,需要计数2次,以免最后一次计数时部分霉菌菌落过大,不易区别。

（4）用平板菌落计数法计数细菌和放线菌时,一般选择每平板内平均菌落数在30～300范围的稀释度进行计算。由于霉菌菌落较大,土壤真菌计数选择10～100范围的梯度进行。

【思考题】

（1）通过实验观察,请阐述土壤中常见的四大类微生物的菌落特征。

（2）土壤中的所有细菌都可以使用牛肉膏蛋白胨培养基分离吗? 为什么?

（3）使用酵母菌富集培养基进行富集时利用了酵母的哪些性质?

实验20　土壤中纤维素降解菌的分离和活性测定

【实验目的】

(1) 了解纤维素降解菌的分离原理,掌握纤维素降解菌的分离和筛选方法。

(2) 深入了解环境微生物的分离方法和不同类型微生物的菌落形态。

(3) 了解环境中有机物的微生物降解途径。

【实验概述】

纤维素是由葡萄糖聚合而成的高分子多糖,性状稳定,不溶于水和一般的有机溶剂。在生物体中,它是植物细胞壁的主要成分之一,占植物干质量的35%～50%,是自然界中分布最广、储量最丰富的一类有机物,全球每年可产纤维素类干物质10^{12} t以上。相对应地,每年大量的纤维素废弃物也会进入自然环境,容易造成环境的长期污染。因此,纤维素的分解利用对于解决未来的能源危机与环境问题意义重大。纤维素的分解是自然界碳循环的重要环节。纤维素的生物降解主要是利用微生物产生的纤维素酶来催化其水解为单糖或二糖。可以产生纤维素酶的微生物有细菌和真菌等,主要包括曲霉属(*Aspergillus*)、木霉属(*Trichoderma*)、青霉属(*Penicillium*)等。

可以通过设置纤维素为单一碳源的培养基,分离土壤环境中的纤维素降解菌,然后利用DNS法测定分离到的纤维素降解菌的纤维素酶降解活性。本实验采用纤维素和羧甲基纤维素钠(CMC-Na)作为唯一碳源,计数、分离纤维素降解菌。最后分离菌接种CMC平板,用刚果红染色,未降解的CMC与刚果红结合成红色,CMC被降解区域则形成透明圈。通过此方法可以大致评估纤维素酶的量。

【实验材料】

1. 实验样品

纤维素丰富的土壤(如林地土、稻田土等)。

2. 培养基

(1) 牛肉膏蛋白胨固体培养基和PDA培养基:配方见实验7。

(2) 赫奇逊琼脂培养基(Hutchiison固体培养基):

配方:硝酸钠2.5 g,磷酸二氢钾1 g,七水合硫酸镁0.3 g,氯化钙0.1 g,氯化钠0.1 g,氯化亚铁 0.01 g,蒸馏水 1000 mL,pH 为 7.2~7.4,琼脂 18~20 g。

121 ℃下高压蒸汽灭菌 20 min。

（3）羧甲基纤维素琼脂培养基（CMC 培养基）：

在赫奇逊琼脂培养基中加入羧甲基纤维素钠作为碳源。在上述赫奇逊琼脂培养基中，加入羧甲基纤维素钠 10 g,调节 pH 至 7.2 即可。

121 ℃下高压蒸汽灭菌 20 min。

3. 试剂

（1）刚果红溶液（1000 mg/L）：准确称取 1 g 刚果红,加入 1000 mL 无菌蒸馏水中,混合均匀。

（2）NaCl 溶液（1 mol/L）：准确称取 58.5 g NaCl,加入 1000 mL 无菌蒸馏水中,混合均匀。

（3）柠檬酸缓冲液：精确称取分析纯 $C_6H_8O_7 \cdot 7H_2O$ 21.014 g,于 500 mL 烧杯中溶解,定容至 1000 mL,混匀。

（4）3,5-二硝基水杨酸溶液（DNS 溶液）：取酒石酸钾钠 185 g,溶解于 500 mL 水中。向溶液中依次加入 3,5-二硝基水杨酸（DNS）6.3 g,2 mol/L NaOH 溶液 262 mL,加热搅拌使之溶解。再加入重蒸酚 5 g 和无水亚硫酸钠 5 g,搅拌至彻底溶解。

冷却后转移至容量瓶,定容至 1 L,充分混匀,保存于棕色试剂瓶中,在室温下放置 1 周后使用。

（5）葡萄糖标准溶液（1.0 mg/mL）：在恒温干燥箱 105 ℃下将分析纯葡萄糖干燥至恒重,准确称量 100 mg,置于烧杯中,加适量蒸馏水溶解,转移溶液至 100 mL 容量瓶中,定容至 100 mL,充分混匀。

（6）生理盐水。

4. 仪器设备

人工气候箱、光学显微镜、灭菌锅、超净工作台等。

5. 器皿和其他材料

香柏油、镜头清洁液、酒精灯、擦镜纸、培养皿、圆形滤纸、镊子、载玻片、移液管（1 mL 和 5 mL）、试管和水浴锅等。

【实验步骤】

1. 菌悬液的制备

取可能含有纤维素降解菌的土壤（如腐烂的植物体附近土壤）,放入盛有无菌水的锥形瓶中,塞上瓶塞,振荡 10 min 左右。然后按照 10 倍稀释法,将土壤悬液稀释成 10^{-4}、10^{-5}、10^{-6} 三个稀释度的样品悬液。此步骤需要使用无菌操作的方法。

2. 纤维素降解菌的富集培养

（1）准备滤纸平板

将灭菌好的羧甲基纤维素琼脂培养基熔化至 50 ℃左右,倒平板,每皿 15 mL 左右。冷却凝固后备用。

（2）接种

用无菌操作的方法,从不同稀释度的土壤悬液中分别吸取 0.5 mL 稀释液,滴加到平板表面,用涂布棒将菌悬液涂布均匀。然后在平板表面铺一张比平板内径略小的无菌滤纸,用玻璃棒压平,使其与平板表面贴合。

（3）平板培养

将接种后的平板,置于人工气候箱中,设置空气湿度为 56%,于 28～30 ℃下培养 7～10 d。

3. 纤维素降解菌的纯化

（1）准备平板

将熔化灭菌后的羧甲基纤维素琼脂培养基冷却至 50 ℃,倒平板,每皿 15 mL,冷却凝固后备用。

（2）分离和培养

从步骤 2 的培养平板上取菌,在 CMC 平板上进行分区划线接种。然后,在人工气候箱中,于 28 ℃下培养 3 d。期间经常观察,如发现有霉菌生长,需要及时分离。此步骤需要使用无菌操作技术。

在 CMC 平板上重复划线分离 1～2 次,得到纯培养。

4. 纤维素降解菌的特性观察

（1）接种和培养

使用无菌操作的方法,将获得的纤维素降解菌点接在 CMC 平板表面,每个平板接种 4 株菌,在 28 ℃下培养 3 d。

（2）染色

在平板中加入刚果红溶液（1000 mg/L）,染色 30 min。

（3）脱色

弃去刚果红溶液,加入 NaCl 溶液（1 mol/L）脱色 1 h,中间更换 NaCl 溶液数次。

（4）观察

CMC 与刚果红结合,形成红色的平板;CMC 降解后形成无色或浅色透明圈。分别测定透明圈和菌落直径,计算两者比值。

5. 纤维素酶活性的测定

（1）制备粗酶液

在无菌条件下用接种环挑取分离纯化后的纤维素降解菌接种至赫奇逊液体培养基中（即赫奇逊固体培养基中不添加琼脂）,在 28～30 ℃恒温培养箱中培养 3 d。培养结束后,将培养液放在离心机内,于 4 ℃下以 8000 r/min 离心 15 min,取上清液即为粗酶液。

（2）制备纯化酶液

取制备得到的粗酶液,加入硫酸铵至 25% 饱和度,于 4 ℃下以 10000 r/min 离心 10 min。收集沉淀物,溶于少量 0.05 mol/L pH 为 6.0 的磷酸缓冲溶液中,透析除盐,得到经硫酸铵沉淀的纯化酶液。

冷冻干燥后,称重。

（3）DNS 法测定酶液中的纤维素酶活性

① 标准曲线的测定

取 8 支具塞离心管,编号后依次按表 20.1 中的顺序加入相应的试剂,混匀后在沸水浴中加热 5 min,取出冷却后用蒸馏水,定容至 25 mL。充分混匀。然后以 1 号管的空白试剂为参比,于 540 nm 波长处比色,测定样品吸光度,每个制作 3 个平行样。绘制吸光度对葡萄糖含量的标准曲线。

表 20.1　DNS 法标准溶液的配制

项　目	1	2	3	4	5	6	7
蒸馏水(mL)	2.0	1.8	1.6	1.4	1.2	1.0	0.5
葡萄糖标准溶液(mL)	0.0	0.2	0.4	0.6	0.8	1.0	1.5
DNS 试剂(mL)	1.5	1.5	1.5	1.5	1.5	1.5	1.5

② 纤维素酶活性的测定

准确称取制备的冻干后的纤维素酶,精确到 0.001 g。将 50 mmol pH 为 5.0 的醋酸钠-醋酸缓冲液配制成适当的浓度,保证吸光度在 0.2~0.6 范围。

取 1.8 mL 0.5% CMC-Na 溶液,置于 25 ml 具塞刻度试管中,于 55 ℃预热 10 min 左右,加入 0.3 mL 的纯化酶液和 1.5 mL 的柠檬酸缓冲液,于 55 ℃水浴锅中保温 30 min,加 2 mL DNS 钝化酶活反应,混匀,沸水浴 5 min,冷却至室温后定容到 25 mL。混匀,测 OD_{540}。

③ 计算纤维素酶活力

$$纤维素酶活力(U/g) = \frac{r \times V_1 \times 2 \times 1000}{V_2 \times M} \tag{20.1}$$

式中,r 为通过 OD_{540} 值从标准曲线上查得的对应浓度,g/mL；V_1 为称取冻干纤维素酶制备适当浓度待测液的体积,mL；V_2 为实验时移取的酶液的体积,此处为 0.3 mL；M 为测定酶活性时称取的冻干纤维素酶的质量,g。

【实验结果】

（1）记录分离到的纤维素降解菌的特征。

（2）记录菌落特征、个体形态、透明圈大小、菌落直径、透明圈和菌落直径比值。

（3）记录酶活性测定过程中的吸光度，绘制标准曲线，并根据标准曲线标注提取出来的纤维素的酶活力。

【注意事项】

（1）铺展滤纸的平板宜湿润些，并保湿培养。

（2）滤纸在使用前可以用1‰稀醋酸浸泡24 h，用碘液检查无淀粉后，用2‰苏打水冲洗至滤纸呈中性，将其进行灭菌后备用。

【思考题】

（1）试管中生长出来的微生物是否全部是纤维素降解菌？为什么？

（2）在筛选纤维素降解菌的过程中滤纸的作用是什么？

（3）简述分离纤维素降解菌并测定其活性的现实意义。

实验21 活性污泥微生物的观察分析

【实验目的】

(1) 学习观察活性污泥(或者生物膜)中的生物相的方法,了解其分布及其生长状况。

(2) 掌握活性污泥(或者生物膜)中微生物的镜检方法,并以此推断污水生物处理系统的工作状态。

【实验概述】

活性污泥是由细菌、菌胶团、原生动物和微型后生动物等微生物群体及它们吸附的污水中的有机和无机物质组成的,具有一定活力和良好的净化污水功能的絮绒状污泥。简单来说,活性污泥,就是由以细菌为主体的多种微生物和污水中的颗粒物构成的一个复杂生态系统。活性污泥按照反应时对氧的需求程度可以分为好氧活性污泥和厌氧活性污泥。其中好氧活性污泥的颜色以棕褐色为佳,而正常的厌氧活性污泥的颜色则呈现灰色至黑色。在好氧活性污泥中活性微生物占25%~50%,以好氧微生物为主。这个微生物的群落结构和功能的中心是由能起絮凝作用的细菌形成的菌胶团,在其上生长着其他微生物,如酵母菌、霉菌、放线菌、藻类、原生动物(钟虫、累枝虫和尾草履虫等)、微型后生动物(轮虫和线虫等)及病原微生物。厌氧活性污泥的微生物主要有6种,由外到内依次为水解细菌、发酵细菌、氢细菌和乙酸菌、甲烷菌、硫酸盐还原菌、厌氧原生动物。活性污泥的形成是一种自然现象。例如,如果向一桶含粪便的污水中不断地加入空气,并持续维持水中的溶解氧,经过一段时间后,就会产生褐色絮花状的泥粒,在显微镜下会看到,污泥里充满了各种各样的微生物,这就是典型的好氧活性污泥。

活性污泥(或者生物膜)是用生物法处理污水的主体。污泥的活性与其中微生物的生长代谢和繁殖情况息息相关。活性污泥生物相包括微生物的种类、菌胶团形态与质地、微生物的活动情况,是反映污泥生物性能的重要特征。当环境条件或水质条件发生改变时,活性污泥(或者生物膜)中微生物的数量和生长形态就会随之改变。如果游泳型或固着型纤毛类原生动物在数量上占优势,则表明污水处理系统正常运转;后生动物数量较多则表明污泥开始老化;丝状细菌大量出现,则表示污泥膨胀。活性污泥中的某些原生动物还可以作为水质BOD_5的快速指示生物。只需要用显微镜观察这些原生动物的数量,就可以通过公式计算出水体中的BOD_5。因此,在污水的生物处理中,除了利用物理、化学的手段来测定活性污泥的性质,还可借助显微镜观察微生物的状况来判断废水处理的运行状况,以便及早发现异常,及时采取适当的对策,保证稳定运行,提高处理效果。为了监测微型动物演替变化状况,还要定时进行计数。

【实验材料】

1. 实验样品

污水处理厂污水处理后的活性污泥、生物膜样品。

2. 仪器设备

普通光学显微镜等。

3. 试剂

石炭酸复红染色液:

溶液A:称取碱性复红0.3 g,在研钵中研磨后,逐渐加入95%酒精10 mL,配成溶液A。

溶液B:称取石炭酸5.0 g,溶解在95 mL蒸馏水中,配成溶液B。

将溶液A与溶液B混合即成石炭酸复红染色液。通常将此混合液稀释5~10倍使用。

香柏油、无水酒精等。

4. 器材

目镜测微尺、镜台测微尺、微型动物计数板、载玻片、盖玻片、擦镜纸、酒精灯、接种环、滴管、吸水纸、微量可调移液器等。

【实验步骤】

1. 制片

(1)制备活性污泥待观察样品

取曝气池活性污泥或生物滤池生物膜。在观察活性污泥时,可根据活性污泥的多少对曝气池混合液进行浓缩或稀释。在观察生物膜时,则用镊子从填料上刮取一小块生物膜样品,加蒸馏水稀释,制成菌液,其他操作与观察活性污泥相同。

(2)制作水浸片标本

用滴管取活性污泥混合液1滴,置于洁净载玻片的中央。盖上盖玻片,用镊子夹住盖玻片的一端,让其一端先接触载玻片上活性污泥的液滴,然后再轻轻放下盖住液滴,避免产生气泡。

(3)制作染色片标本

用滴管吸取污泥混合液1滴,放在洁净的载玻片中央,自然干燥(或在酒精灯上稍微加热干燥),固定。加石炭酸复红染色液染色后静置1 min,水洗,用吸水纸轻轻吸干。

2. 镜检

(1)水浸片观察

在低倍镜下观察活性污泥及其生物相全貌,如活性污泥的结构松紧度、污泥絮粒大小、菌胶团和丝状细菌的分布和生长状况、微型动物的形态和种类及其活动情况等。

在高倍镜下观察菌胶团和絮粒之间的联系、菌胶团中细菌和丝状细菌的形态、微型动物的外部和内部结构。

用油镜观察丝状细菌是否存在衣鞘和假分支、菌体在衣鞘中的排列、菌体内是否存在贮藏物质等。

（2）污泥絮粒形状和结构分析

观察污泥絮粒的形状和结构。絮粒为圆形或近似圆形，菌胶团致密排列，说明沉降性能较好；絮粒边缘与外部悬液界线不清晰、形状不规则，菌胶团排列疏松，说明沉降性能差。另外，絮粒中网状空隙和外部悬液不连通的为封闭结构，此结构有助于污泥的沉降；空隙和外部悬液连通的为开放结构，此结构不利于污泥的沉降。

（3）污泥絮粒大小测定

在普通光学显微镜中安装目镜测微尺，用镜台测微尺标定目镜测微尺后，随机选取50个絮粒，测量絮粒的大小。根据平均直径，可以将污泥絮粒分为以下三个等级：

① 大粒污泥：絮粒平均直径>500 μm。

② 中粒污泥：絮粒平均直径为150～500 μm。

③ 小粒污泥：絮粒平均直径<150 μm。

絮粒的大小可影响污泥起初的沉降速率，污泥絮粒大，沉降快。

根据絮粒直径，计算三个等级的絮粒所占的比例。

（4）污泥絮粒中丝状细菌测定

利用低倍镜、高倍镜和油镜分别观察染色片标本中污泥絮粒中的丝状细菌。丝状细菌数量影响污泥沉降性能，根据活性污泥中丝状细菌和菌胶团之间的比例关系，把丝状细菌分为以下五个等级：

① 0级：絮粒中几乎看不到丝状细菌。

② ±级：絮粒中有少量的丝状细菌存在。

③ +级：絮粒中存在一定数量的丝状细菌，但其总量少于菌胶团细菌。

④ ++级：絮粒中存在大量的丝状细菌，总量与菌胶团细菌大致相等。

⑤ +++级：絮粒以丝状细菌为骨架，总量超过菌胶团细菌。

根据观察结果，判断样品中的丝状细菌的等级。

（5）计数微型动物

① 制片

用洁净的滴管，取曝气池中活性污泥，放在烧杯中，用水稀释后充分混匀。用微量可调移液器吸取1 mL稀释后的悬液滴在微型动物计数板上的方格内，盖上洁净的大号盖玻片，让其四周位于计数板四周凸起的边框上。

② 计数

计数方法同实验12的浮游动物计数法。

【实验结果】

（1）将实验过程中观察到的活性污泥的生物相结果记录下来。

（2）根据絮粒直径估算三个等级的絮粒所占的比例并观察活性污泥中丝状细菌的等级，评判活性污泥的沉降性能和污水处理状况。

（3）根据絮粒中丝状细菌的数目，判断其对污泥沉降性能的影响。

（4）根据观察到的微型动物的数量，计算活性污泥中的微型动物的密度。

【注意事项】

（1）从曝气池中取活性污泥时，戴上防护手套，避免人体直接接触到污泥。

（2）在镜检之前，要先用无菌水稀释活性污泥，使絮粒充分分散开，便于观察。

（3）在丝状细菌测定的过程中，要观察并记录其相对于菌胶团的比例，方便进行分级判断。

【思考题】

（1）为什么活性污泥中的生物相可以用于评价污水处理效果？

（2）活性污泥的沉降性能与微生物的种类及活动情况有没有相关性？

（3）试论述原生动物和微型后生动物在污水生物处理中起到的作用。

实验22 活性污泥的培养及其对生活污水中有机物的降解

【实验目的】

(1) 了解活性污泥培养及驯化过程,掌握活性污泥培养过程中相关指标的测定。

(2) 了解活性污泥在污水处理中的作用,观察微生物净化生活污水的效果。

【实验概述】

生活污水或工业废水的生物处理是在生物反应器中模拟自然界发生的水体自净过程,即微生物利用污水中的有机物生长繁殖,同时净化污水。污水处理可以分为悬浮型的活性污泥法和附着型的生物膜法,前者应用更加广泛。在活性污泥中,微生物和有机物占全部活性污泥的70%~80%,微生物具有很强的吸附和氧化分解有机物的能力。使用微生物进行污水活性污泥的培养,就是为活性污泥中的微生物提供充足的营养物质、溶解氧、适宜的酸碱度和温度等繁殖条件。在这种合适的条件下,经过一段时间,就会有活性污泥自然形成,并且逐渐增多,最终达到可处理废水中污染物的目标污泥浓度。在这个过程中,首先培养微生物使之大量增殖,达到一定的污泥浓度;其次是对活性污泥进行驯化,对微生物进行淘汰和诱导,使适应一定污染物浓度并且具有降解污染物活性的微生物成为优势物种。

活性污泥性能的优劣,对活性污泥系统的净化功能有决定性的作用。因此,需要对活性污泥的生物相进行观测,并测定污泥的相关评价指标。除了生物相之外,污泥沉降比(SV)和污泥浓度($MLSS$)是常用的观测指标。其中 SV 是曝气池混合液在量筒中静止 30 min 后,污泥所占体积与原混合液体积的比值。正常的活性污泥沉降 30 min 后,可接近其最大的密度,故 SV 大致反映了反应器中的污泥量,可用于控制污泥排放。一般曝气池中 SV 正常值为 20%~30%。SV 的变化还可以及时反映污泥膨胀等异常情况。$MLSS$ 是指 1 L 曝气池混合液中所含悬浮固体干重,它是衡量反应器中活性污泥数量多少的指标。它包括微生物菌体、微生物自身氧化产物、吸附在污泥絮体上不能被微生物所降解的有机物和无机物。由于 $MLSS$ 在测定上比较方便,工程上往往把它作为估量活性污泥中微生物数量的指标。一般反应器中污泥浓度控制在 2000~6000 mg/L。

微生物也是活性污泥的重要组成部分。具体见实验21。

1914年,曼彻斯特应用活性污泥法建立了世界上第一座污水处理厂,开启了利用微生物进行污水氮元素、磷元素和有机物净化的工程化利用和研究。本实验利用通气接种法培养好氧活性污泥,并对好氧活性污泥进行有机物降解能力的测定。

【实验材料】

1. 实验样品

浓粪便水、活性污泥、生活污水。

2. 试剂

牛肉膏、蛋白胨、琼脂、10% NaOH、淀粉、硫酸铵、磷酸氢二钾、氯化钠、碳酸钙、七水合硫酸镁、磷酸二氢钾、孟加拉红、链霉素、酵母膏等。

3. 仪器

电炉、灭菌锅、电子天平、烘箱、培养箱、抽滤装置、马弗炉、干燥器(备有以颜色指示的干燥剂)、曝气池、分光光度计、污水池、光学显微镜、通气设备等。

4. 器材

试管、三角瓶、玻璃棒、pH试纸、记号笔、培养皿、量筒、定量滤纸、坩埚、坩埚钳子、比色皿、盖玻片、载玻片、玻璃缸、500 mL烧杯、镊子、移液管、接种环、吸水纸、酒精灯、铁铲等。

【实验步骤】

1. 活性污泥的培养

(1) 向好氧池注入清水(同时引入生活污水)至一定水位,并注意水温。

(2) 按车间操作规程启动风机,向曝气池中鼓风。

(3) 向好氧池中投加经过过滤的浓粪便水,使得污泥的浓度不小于1000 mg/L。向废水中按BOD_5、N、P浓度比为100:4:1的比例补充氮源、含磷无机盐,为活性污泥的培养创造良好的营养条件。

(4) 也可稍适投加活性污泥的成品菌种,加快培养速度。

(5) 对反应池进行曝气、搅拌、沉降、排水(按照车间正常的活性污泥培养运行工艺)。

(6) 通过镜检及测定沉降比、污泥浓度,注意观察活性污泥的增长情况和pH等的变化,及时对工艺进行调整。

(7) 测定初期水质及排水阶段上清液的水质,根据进出水的BOD_5、COD_{Cr}、N、P等浓度的变化,判断出活性污泥的活性及优势菌种的情况,并由此调节进水量、置换量、粪水、NH_4Cl、H_3PO_4、CH_3OH的投加量及周期内随时间分布情况。

(8) 注意观察活性污泥增长情况,当通过镜检观察到菌胶团大量密实出现,并能观察到原生动物(如钟虫),且数量由少迅速增多时,说明污泥培养成熟,可以进废水,进行驯化。

2. 活性污泥的驯化

(1) 开始投加少量生产废水,投加量不超过驯化前处理能力的20%。同时补充新鲜水、粪便水及NH_4Cl。

(2) 达到较好处理效果后,可增加生产废水投加量,每次增加量不超过15%,同时减少

NH_4Cl投加量。且待微生物适应巩固后再继续增加生产废水,直至完全停加NH_4Cl。同步监测出水BOD_5等指标并观察混合液污泥性状。在污泥驯化期还要适时排放代谢产物。

(3)继续增加生产废水投加量,直至满负荷。此过程同步监测溶解氧,控制曝气机的运行。

3. 污泥培养过程中的相关指标

(1)污泥沉降比的测定

取1 L刚刚曝气完的污泥混合液,置于1000 mL玻璃量筒中,用玻璃棒将量筒中的污泥混合液搅拌均匀后静置30 min,记录沉淀污泥层与上清液交界处的刻度值V(mL),按照下式计算SV:

$$SV = \frac{V}{1000} \times 100\% \tag{22.1}$$

(2)污泥浓度的测定

将定量滤纸在105 ℃的烘箱里烘干2 h至滤纸恒重,在干燥器中冷却30 min后称重,记为m_1。将滤纸平铺在抽滤漏斗上,并将测定过沉降比的样品($V_1 = 1000$ mL)全部倒在烘干的滤纸上,过滤(没有抽滤瓶时,也可以取少量曝气池活性污泥,体积记为V_1,如200 mL或300 mL,采用漏斗过滤)。待完全过滤后将载有污泥的滤纸放在烘箱中,于105 ℃下烘干2 h至恒重,在干燥器中冷却30 min后称重,记为m_2。按照下式计算$MLSS$:

$$MLSS = \frac{m_2 - m_1}{V_1} \tag{22.2}$$

4. 活性污泥对生活污水中有机物的净化处理

(1)分离活性污泥

将驯化好的活性污泥静置沉淀30 min,取出沉淀物,用清水清洗2次,注意不要损坏污泥团。

(2)加样

在污水处理装置中加入驯化培养好的活性污泥,再加入生活污水,使污水处理装置内混合液的最终$MLSS$约为1000 mg/L。

(3)采样

混匀后采样,先测定样品0 h的$MLSS$和COD_{Cr}。样品以离心力1500g离心15 min,将上清液倒入干净的锥形瓶中。然后,沉淀用来测定$MLSS$,上清液用来测定COD_{Cr}。

(4)曝气

继续搅拌,并通入空气,曝气2 h。采样,测定$MLSS$和COD_{Cr},方法同上一步。

(5)沉淀

停止曝气,将活性污泥混合物静置沉淀30 min。然后搅拌混匀后取样,测定$MLSS$和COD_{Cr},方法同步骤(3)。

(6)灭菌和清理

实验结束后,将全部液体灭菌处理,然后清洗所有器皿。

【实验结果】

（1）计算污泥培养过程中的污泥沉降比、污泥浓度，比较它们在整个污泥培养过程中的变化。

（2）观察并记录活性污泥净化污水的步骤，完成观察报告。

（3）记录活性污泥处理生活污水中有机物时的 $MLSS$ 和 COD_{Cr}，并计算最终污水的 COD_{Cr} 去除率。

【注意事项】

（1）注意活性污泥培养过程中的水温、pH 等的变化，及时对工艺进行调整。

（2）在曝气池取样及进行车间操作时，应严格遵守规章制度，注意实验安全。

【思考题】

（1）配制培养基有哪几个步骤？在操作过程中应注意什么问题？为什么？

（2）查阅资料，试论述现阶段常见污水处理工艺的种类和特点。

实验 23　发光细菌法测定废水的急性毒性

【实验目的】

(1) 了解各类生物毒性的快速检测方法。

(2) 学习发光细菌法测定环境样品急性毒性的原理。

(3) 掌握发光细菌法检测水体急性毒性的方法。

【实验概述】

毒性是指一种物质引起生物机体损伤的能力。不同物质的毒性大小不同,几乎所有物质都可能具有毒性,但只有在一定的接触条件下才能对机体造成伤害。因此,谈及一种物质的毒性时,必须考虑到它进入机体的剂量、方式和时间分布等。环境中的毒物监测是生物监测的重要组成部分,通过生物的分布状况、生长发育、繁殖状况、生理生化指标及生态系统的变化对污染物所产生的反应来表明环境污染状况、污染物毒性,可以为治理和改善环境提供科学依据,对环境质量作出全面正确评价。我国很久以前就利用金丝雀、老鼠来监测地下矿井瓦斯和甲烷含量,也利用植物叶片受害症状的变化来监测环境中污染物含量。20世纪70年代,美国试验材料学会(ASTM)就出版了《水和废水质量的生物监测会议论文集》,其内容就涉及了利用各类水生生物进行监测的生物测试技术(即环境毒理试验)。还有人提出了以鱼的呼吸和活动频度为指标的设在厂内和河流中的自动监测系统。近年来,我国的生物监测工作也普遍开展起来,如对北京官厅水库、湖北鸭儿湖等水质的生物监测和评价,利用底栖动物监测农药及其他有机污染,利用鱼体胆碱酯酶活性反映水体受有机磷农药污染情况等都取得了一定成果。

传统的急性毒性试验是大剂量或高浓度一次或24 h多次给予受试动物,研究短时间内化学物对受试动物所产生的各种毒效应,以半数致死量(LD_{50})或半数致死浓度(LC_{50})为参数,评价受试物急性毒性和对人类产生的急性损害作用。随着工业化的发展,新的化学化工产品的产生,使得环境污染物的种类和数量逐年增加,对生物体的危害作用程度和机理不明朗。因此,迫切需要进行毒性试验。水生生物急性毒性试验,是通过测定高浓度污染物在短时期(一般不超过几天)内对水生生物所产生的急性毒性作用来评价污染物毒性的方法。相比于采用鱼类、藻类等材料,水体中的细菌个体更微小,代谢速度快,对毒性物质反应更敏感,因此细菌的急性毒性试验更简便、快速、灵敏,应用也较广泛。目前,发光细菌法监测环境毒物,已引起了广大科研工作者的注意。

发光细菌是指在正常的生理条件下能够发出肉眼可见的蓝绿色荧光的细菌,发出的荧光波长为450~490 nm,在黑暗处肉眼可见。不同种类发光细菌的发光机制大体相同,都是由特异性的荧光素酶(LE)、还原性的黄素(FMNH$_2$)、八碳以上长链脂肪醛(RCHO)、氧分子(O$_2$)参与的。生物发光反应由O$_2$和LE催化,将还原态的FMNH$_2$及RCHO氧化为FMN及长链脂肪酸,同时释放出最大发光强度在波长470~490 nm处的蓝绿色光。发光细菌多数为兼性厌氧菌,属于革兰氏阴性菌。已发现和命名的发光细菌分别属于弧菌属(*Vibrio*)、发光杆菌属(*Photobacterium*)、希瓦菌属(*Shewanella*)和异短杆菌属(*Xenorhabdus*)等。常用于环境毒性监测的发光细菌有3类,分别为费氏弧菌(*Vibrio fischeri*)、明亮发光杆菌(*Photobacterium phosphoreum*)和青海弧菌(*Vibrio qinghaiensis*)。它们的最佳生长环境为20~30 ℃,pH为6~9。用发光细菌进行水质综合毒性评价有以下优点:

① 发光细菌对很多有毒物质非常敏感,其灵敏度和可靠性可与鱼体96 h培养测定的急性毒性方法相比。

② 发光细菌毒性测试结果与理化分析方法与其他生物毒性试验结果具有良好的相关性。

③ 操作简单,自动化程度高,反应速度快,一般可在30 min内得出结果。

本实验的实验原理为发光细菌在毒物的作用下,细胞活性下降,ATP含量水平下降,导致发光细菌发光强度降低。毒物浓度与菌体发光强度呈线性负相关。因此,可以根据发光细菌发光强度判断毒物毒性大小,用发光强度表征毒物所在环境的急性毒性。把待测水样与发光细菌混合,若样品有毒,则发光细菌的荧光减弱,发光强度与毒性物质的含量呈负相关,毒性水平选用参比HgCl$_2$质量浓度或EC_{50}值(半数有效浓度,以样品溶液百分浓度为单位)来表示。

【实验材料】

1. 菌种

明亮发光杆菌(*Photobacterum phosphoreum*)T3小种菌株冻干粉。

2. 水样

工业废水。

3. 试剂

(1) NaCl溶液(300 g/L):称取NaCl 30.0 g,溶于70 mL蒸馏水中,定量至100 mL。

(2) NaCl溶液(30 g/L):称取NaCl 3.0 g,溶于70 mL蒸馏水中,定量至100 mL。

(3) HgCl$_2$储备液(2000 mg/L):称取保存良好的无结晶水HgCl$_2$ 0.1 g,置于50 mL容量瓶中,用3.0% NaCl溶液稀释至刻度,保存于2~5 ℃冰箱,备用,保存期6个月。

(4) HgCl$_2$工作溶液(2 mg/L):

① 用移液管吸取HgCl$_2$储备液10 mL,加入1000 mL容量瓶中,用3.0% NaCl溶液定容,此时的HgCl$_2$溶液的浓度为20 mg/L。

② 用移液管吸取 $HgCl_2$ 溶液(20 mg/L)25 mL,加入 250 mL 容量瓶中,用 3.0% NaCl 溶液定容,此时的 $HgCl_2$ 溶液的浓度为 2 mg/L。

(5) $HgCl_2$ 标准溶液:用 3.0% NaCl 溶液将 $HgCl_2$ 溶液(2 mg/L)分别稀释成 0 mg/L、0.02 mg/L、0.04 mg/L、0.06 mg/L、0.08 mg/L、0.10 mg/L、0.12 mg/L、0.16 mg/L、0.20 mg/L 和 0.24 mg/L 系列浓度(均稀释至 50 mL 容量瓶中)。现用现配,保存期不超过 24 h。

4. 仪器设备

微量可调移液器(20 μL、200 μL 和 1000 μL)、生物发光光度计。

5. 器皿和其他材料

具塞比色管、移液管、助吸器、量筒、烧杯、废液缸、接种环、酒精灯等。

【实验步骤】

1. 样品采集

使用带有聚四氟乙烯衬垫的干净、干燥玻璃瓶作为采样瓶。采集水样时,瓶内应充满水样,不留空气。采样后,用塑胶带将瓶口密封。毒性测定应在采样后 6 h 内进行,否则应在 2～5 ℃条件下保存样品,但不得超过 24 h。若水中有悬浮物,在 4 ℃下以 5000g 离心 10 min,取上清液备用。

2. 生物发光光度计的预热和调零

打开生物发光光度计的电源,预热 15 min。然后调零,备用。

3. 发光细菌冻干菌剂复苏

从冰箱冷藏室取出含有 0.5 g 明亮发光杆菌 T3 小种菌株冻干粉和氯化钠溶液,置于冰水混合物中,用移液器吸取 1 mL 冷的 3.0% NaCl 溶液,注入已开口的冻干粉安瓿瓶中,充分混匀。2 min 后菌种即复苏发光(可在暗室内检验,肉眼应见微光)。

4. 复苏菌发光活性的检测

取一支具塞比色管,加入 5 mL 的 30 g/L NaCl 溶液,再加入 10 μL 的菌悬液,混匀,在光度计上测试发光量,如果 10 min 时发光量达 600 mV 以上,则每次加入 10 μL 的菌悬液使用;如果为 300～600 mV,则测试时加入 20 μL 的菌悬液;如果低于 300 mV,则菌种不能使用。当 $HgCl_2$ 标准溶液浓度为 0.10 mg/mL 时,发光细菌的相对发光强度应为 50%,误差不超过 10%(注意实验要在室温为 20～22 ℃的实验室内进行)。

5. 测定 $HgCl_2$ 标准溶液

取 30 支圆形具塞比色管,分别标记为 0 mg/L、0.02 mg/L、0.04 mg/L、0.06 mg/L、0.08 mg/L、0.10 mg/L、0.12 mg/L、0.16 mg/L、0.20 mg/L 和 0.24 mg/L,各 3 支。将相应的 $HgCl_2$ 标准溶液加入圆形具塞比色管中,每支 5 mL。依次加入复苏菌悬液 10 μL,开始计时,10 min 后测定发光强度,记录结果。注意加入菌悬液的间隔时间要一定,孵育时间全部为 10 min。

6. 测定样品

在 20 ℃ 左右温度下,将待测样品适当稀释。首先在原液中加入 NaCl 固体至质量浓度为 30 g/L,溶解后混匀,再将 30 g/L NaCl 溶液稀释成 10^{-1} 稀释液和 10^{-2} 稀释液。取 12 支圆形具塞比色管,分别加入 30 g/L NaCl 溶液、10^{-2} 稀释液、10^{-1} 稀释液和加 NaCl 的样品原液 5 mL,每种 3 支,再加入 10 μL 复苏菌悬液,混匀,10 min 后测定发光强度。

7. 数据计算

(1) EC_{50} 计算

定义 γ 函数为发光强度减少和发光强度剩余量之比:

$$发光强减少 50\% (EC_{50}),即 \gamma = 1$$

按照下式计算得到发光强度减少 50% 的 EC_{50}:

$$\gamma = \frac{对照发光强度 - 样品发光强度}{样品发光强度} \tag{23.1}$$

(2) 样品的 $HgCl_2$ 浓度计算

根据发光强度,计算不同含量 $HgCl_2$ 的相对发光强度,绘制标准曲线。根据样品各稀释度的平均相对发光强度,查阅曲线,得出与样品相当的 $HgCl_2$ 含量(mg/L)。

(3) 判断毒性等级

描绘出 γ 的对数值 $\lg \gamma$ 与浓度 C 的对数值 $\lg C$ 的函数曲线,从 $\lg \gamma = 0$(即 $\gamma = 1$)与曲线相对应的交点定出 EC_{50}。根据表 23.1,判断待测废水的毒性等级。

表 23.1　工业废水毒性等级的划分

EC_{50}	毒性级别	等级
<25%	很毒	1
25%～75%	有毒	2
75%～100%	微毒	3
>100%	无毒	4

【实验结果】

1. 标准曲线的绘制

记录不同 $HgCl_2$ 含量下发光细菌的发光强度,并计算相对发光度和平均相对发光强度,然后以 $HgCl_2$ 质量浓度为横坐标,以平均相对发光强度为纵坐标,绘制标准曲线。

2. 样品测定结果

计算出样品的 EC_{50},并根据表 23.1 判断实验检测的工业废水的毒性等级。

【注意事项】

(1) 因为各试管明亮发光杆菌的活性可能有区别,所以打开的发光菌菌剂应一次用完,不可保存再用。

（2）测定标准溶液时,应按照顺序进行。

（3）不同仪器操作有所区别,请仔细阅读说明书,按照规定进行操作。

【思考题】

（1）在待测样品中加入30% NaCl溶液的作用是什么?

（2）发光细菌毒性试验的关键是什么?

（3）查阅资料,试比较各类生物法检测急性毒性方法的优缺点及适用情况。

实验 24　样品致突变毒性检测
——埃姆斯实验

【实验目的】

(1) 了解埃姆斯实验(Ames test)检测环境中诱变剂和致癌剂的基本原理。

(2) 掌握埃姆斯实验检测诱变剂和致癌剂的操作技术和评价方法。

【实验原理】

癌症已经成为威胁人类生命健康的非常严重的疾病之一。由于自然环境因素以及工业的快速发展,水体、食品和化妆品中添加物的致癌几率已经引起了人们的广泛关注。埃姆斯实验是由 B. N. Ames 等人于1975年建立的用于检测污染物致突变性的实验。该实验将三种突变型鼠伤寒沙门氏菌株加入哺乳动物肝微粒体进行体外实验,检查其再次发生突变的情况。该法快速、敏感、经济,而且适合测定混合物,可以反映多种污染物的综合效应,已被世界各国广泛采用。

埃姆斯实验的原理是在不含组氨酸的基本培养基上,鼠伤寒沙门氏菌(*Salmonella typhimurium*)的组氨酸营养缺陷型(*his-*)菌株不能生长,但如果遇到诱变剂,这些菌株会发生回复突变,形成原养型的菌株,在不含组氨酸的基本培养基上也能生长,并形成肉眼可见的菌落。根据存在和不存在被检测物质时回复突变的频率,推断该物质是否具有诱变性和致癌性。某些待检物只有经过微粒体(哺乳动物的干细胞磨成匀浆分离得到的内质网碎片)中羟化酶系统的激活,才能显现诱变性或致癌性。因此,在进行埃姆斯实验时,常需要添加哺乳动物微粒体作为体外活化系统(S9混合液)。所以,埃姆斯实验也称为鼠伤寒沙门氏菌/哺乳动物微粒体实验。

常见的埃姆斯实验的方法有点试法和平板掺入法两种,前者主要是一种定性实验,可用于观测致突变剂的有无,后者则可进一步定量测试样品致突变性的强弱。本实验采用平板掺入法。

【实验材料】

1. 菌种

鼠伤寒沙门氏菌 TA98 菌株、TA100 菌株和 TA102 菌株均可(组氨酸-生物素缺陷型),对照组菌株为 S-CK 野生型。

2. 培养基

（1）氯化钠琼脂培养基：取琼脂粉3.0 g，氯化钠2.5 g，加蒸馏水至500 mL，于121 ℃下灭菌20 min，备用。

（2）0.5 mmol/L L-组氨酸溶液：取L-组氨酸（相对分子质量为155）0.4043 g，溶于蒸馏水中，定容至100 mL，于121 ℃下灭菌20 min，保存于4 ℃冰箱，备用。

（3）0.5 mmol/L D-生物素溶液：准确称取D-生物素（相对分子质量为244）12.2 mg，溶于蒸馏水中，定容至100 mL，于121 ℃下灭菌20 min，保存于4 ℃冰箱，备用。

（4）组氨酸-生物素溶液（0.5 mmol/L）：称取D-生物素30.5 mg和L-组氨酸19.4 mg，加蒸馏水至250 mL，于121 ℃下灭菌 20 min。

（5）上层半固体培养基：NaCl 0.5 g，琼脂0.6 g，蒸馏水100 mL。于121 ℃下灭菌20 min。温度冷却到45 ℃或加热熔化后再加入10 mL的组氨酸-生物素溶液（0.5 mmol/L），混匀后，分装于试管中，每支3 mL，于121 ℃下灭菌20 min。

（6）底层培养基：$MgSO_4 \cdot 7H_2O$ 0.2 g，柠檬酸 2 g，K_2HPO_4 10 g，$NaNH_4HPO_4 \cdot 4H_2O$ 3.5 g，葡萄糖20 g，琼脂 15 g，蒸馏水1000 mL，pH为7.0（待其他试剂完全溶解后再将硫酸镁缓慢放入其中继续溶解，否则容易析出沉淀）。配制好后，于121 ℃下灭菌30 min。

（7）牛肉膏蛋白胨液体培养基：1000 mL。配方及配制方法同实验7。

（8）牛肉膏蛋白胨固体培养基：配制450 mL，分装于锥形瓶中。配方及配制方法同实验7。

3. 鼠肝匀浆 S9 上清液

选取健康雄性成年大白鼠3只（每只体重为150～200 g，周龄为5～6周），按0.5 mg/g无菌操作一次腹腔注射5 mL氯联苯玉米油配制成的溶液（200 mg/mL）。注射后第5 d处死，处死前12 h禁食。处死动物后取出肝脏，称重后用新鲜冰冷的氯化钾溶液（0.15 mol/L）连续冲洗肝脏数次，以便除去能抑制微粒体酶活性的血红蛋白。每克肝（湿重）加氯化钾溶液（0.1 mol/L）3 mL，连同烧杯移入冰浴中，用无菌剪刀剪碎肝脏，在玻璃匀浆器（低于4000 r/min，1～2 min）或组织匀浆器（低于20000 r/min，1 min）中制成肝匀浆。以上操作注意无菌和局部冷环境。

将制成的肝匀浆在低温（0～4 ℃）高速离心机上以9000g离心10 min，吸出上清液为S9组分，将其分装于无菌冷冻管或安瓿中。

4. 鼠肝匀浆 S9 混合液

（1）pH为7.4的磷酸缓冲液（0.2 mol/L）：称取 35.61 g $Na_2HPO_4 \cdot 2H_2O$，溶解于蒸馏水中，定容至1000 mL制成A液；称取27.6 g $NaH_2PO_4 \cdot H_2O$，溶解于蒸馏水中，定容至1000 mL制成B液；按A液81 mL和B液19 mL的比例混合，即成0.2 mol/L pH为7.4的磷酸缓冲液。

（2）镁钾盐溶液：称取 $MgCl_2$ 8.1 g，KCl 12.3 g，溶解于适量蒸馏水中，定容至100 mL。于121 ℃下灭菌20 min，备用。

（3）NADP-G-6-P 溶液（0.1 mol/L）：辅酶Ⅱ（NADP）297 mg，葡萄糖-6-磷酸钠盐 152 mg，pH 为 7.4 的磷酸缓冲液（0.2 mol/L）50 mL，镁钾盐溶液 2 mL，加无菌水定容至 100 mL。用滤膜过滤器除菌，检查无菌后分装至小瓶中，每瓶 10 mL，－20 ℃保存。

实验前取 2 mL S9 上清液并加入 10 mL NADP-G-6-P 溶液，再加 1 mL 镁钾盐溶液（依次加入），混合后置冰浴中待用。

5. 待测样品

待测样品为可能含有致癌物的工业废水。稀释成含待测液百分之几至千分之几的浓度。如果受试物为水溶性，可用灭菌蒸馏水作为溶剂；如为脂溶性，应选择对受试菌株毒性低且无致突变性的有机溶剂，常用的有二甲基亚砜（DMSO）、丙酮和 95% 乙醇。

6. 试剂

（1）黄曲霉毒素 B_1 溶液：5 μg/mL 和 50 μg/mL。

（2）生理盐水。

7. 器皿

培养皿、各种型号移液管（0.1 mL、1 mL、5 mL、10 mL）、试管、紫外灯（15～20 W）、6 mm 圆滤纸片若干、黑纸、匀浆器、水浴锅、安剖瓶、剪刀、镊子、解剖刀、注射器、天平等。

【实验步骤】

1. 菌株遗传性状的鉴定——组氨酸缺陷型的鉴定

菌株特性应与回复突变实验标准相符。对于用于检测的菌株，要先对其数种遗传性状加以鉴定，符合要求后方可使用。

（1）增菌培养

使用无菌操作，用接种环将储存菌培养物接种于 5 mL 牛肉膏蛋白胨液体培养基中，37 ℃振荡（100 次/min），培养 10 h 或静置培养 16 h，使活菌数在 $1×10^9$～$2×10^9$ /mL 范围。

（2）制作底层平板

加热熔化底层培养基两瓶。一瓶不加组氨酸，每 100 mL 底层培养基中加 0.5 mmol D-生物素 0.6 mL；另一瓶加组氨酸，每 100 mL 底层培养基中加 L-组氨酸 1 mL 和 0.5 mmol D-生物素 0.6 mL，冷却至 50 ℃左右，每种底层培养基各倒两个平板。

（3）接种

取有组氨酸和无组氨酸培养基平板各一个，按菌株号顺序各取一接种环的菌液，划直线于培养基表面，37 ℃下培养 48 h。

（4）结果判定

株菌在有组氨酸培养基平板表面各长出一条菌膜，在无组氨酸培养基平板上除自发回变菌落外无菌膜，说明受试菌株确为组氨酸缺陷型。

2. 样品致突变性的检测

（1）制作菌悬液

采用无菌操作，从测试菌株斜面上取一环菌株，接种于牛肉膏蛋白胨液体培养基中，37 ℃下培养16～24 h，离心分离菌体并用生理盐水洗涤3次，然后制成菌悬液（活菌密度在 $1\times10^9\sim2\times10^9$ /mL 范围）。

（2）制作底层平板

熔化灭菌的底层培养基，加热熔化后冷却至50 ℃左右，倒入8个培养皿内，冷却后制成底层平板，制作8个平板。分为4组（每组2个重复），依次标记为1～4号。

（3）制作上层平板

① 熔化8管上层培养基，加热熔化后冷却至45 ℃左右，每管加0.1 mL测试菌悬液，分成4组（每组2个重复），依次标记为1～4号。

② 在1～2组试管中加5 μg/mL检测样品0.2 mL（终浓度1 μg/皿），在第3～4组则加入50 μg/mL检测样品0.2 mL（终浓度10 μg/皿）。

③ 在1、3组试管内各加0.5 mL配制好的S9混合液；2、4组试管内不加S9混合液。

④ 将8支试管中的各种成分混匀，按组号分别倾倒在8个制好的底层平板上，制成上层平板。

（4）培养

将上述步骤（3）中凝固好的平板，置于37 ℃培养箱中培养48 h后。计数每个平板回变菌落数。

（5）计数

计算每个平板生长的菌落数。并计算出两重复的诱变菌落平均数，用于评估菌落突变率。

3. 对照组设计

（1）自发回复突变对照

实验操作与样品检测相同（设2个重复），在上层平板中只加0.1 mL菌悬液、2 mL组氨酸-生物素溶液（0.5 mmol/L）和0.5 mL S9混合液，不加待测的工业废水。经过37 ℃培养48 h后，在底层平板上长出的菌落即为该菌自发回复突变菌落，计算平均数，用于评估菌落突变率。

（2）阴性对照

为了排除样品所呈现的埃姆斯实验阳性与配制样品的溶剂有关，要以配制样品用的溶剂（如水、DMSO、乙醇等）作为平行对照（阴性对照实验，设2个重复）。在上层平板中只加0.1 mL菌悬液和0.5 mL S9混合液，用溶剂（如水、DMSO、乙醇等）等代替工业废水加入培养皿中。经过37 ℃培养48 h后，在底层平板上长出的菌落即为该菌自发回复突变菌落，计算平均数，用于评估菌落突变率。

（3）阳性对照

为了确认埃姆斯实验的敏感性和可靠性，则要在检测样品的同时，检测一种已知的具有突变性的化学物质(如黄曲霉素B₁),作为平行实验(阳性对照实验,设2个重复)。黄曲霉毒素B₁要经过大鼠肝微粒体酶的激活。黄曲霉毒素B₁选用10 μg/mL和100 μg/mL两个浓度,其他操作同步骤2。

4. 数据处理与结果判断

根据样品所致的诱变菌落平均数(Rt)和自发回复突变菌落平均数(Re),可按下式算出菌落突变率:

$$MR = \frac{Rt}{Re} \tag{24.1}$$

式中,MR为样品所致的菌落突变率;Rt为样品所致的诱变菌落平均数;Re为自发回复突变菌落平均数。

当突变率大于2时,可直接判定样品埃姆斯实验阳性。当突变率小于2时,则要考虑样品中的被检物质浓度:若被检物浓度低于500 μg/皿,则要提高浓度重新检测;若被检物浓度已达到或超过500 μg/皿,则可判定样品埃姆斯实验阴性。

【实验结果】

分别记录待测工业废水的诱变菌落数、阳性实验的诱变菌落数、阴性对照实验的诱变菌落数、自发回复突变的菌落数。计算工业废水的致菌落突变率。

【注意事项】

(1) 在鼠肝匀浆(S9)溶液的制备过程中,一切操作均应在低温(0~4 ℃)无菌条件下进行。

(2) 本实验通常用于遗传毒性的初步筛选,特别适用于诱发点突变的筛选。已有的数据库证明,在本实验中为阳性结果的很多化学物在其他实验中也显示致突变活性。也有一些致突变物在本实验中不能检测出,这可能是由于检测终点的特殊性质、代谢活化的差别或生物利用度的差别。

(3) 本实验采用的是原核细胞,与哺乳动物细胞在摄取、代谢、染色体结构和DNA修复等方面都有所不同。因此,本实验结果不能直接外推到哺乳动物。

(4) 本实验不适用于某些类别的化学物,如强杀菌剂和特异性干扰哺乳动物细胞复制系统的化学品。对这些受试样品可使用哺乳动物细胞基因突变实验检测。

【思考题】

(1) 在埃姆斯实验中,加S9混合液有何意义?

(2) 设置自发回复突变对照、阴性对照及阳性对照的作用分别是什么?

参 考 文 献

[1] Guo C, Jing H M, Kong L L, et al. Effect of East Asian aerosol enrichment on microbial community composition in the South China Sea[J]. Journal of Plankton Research, 2013, 35(3): 485-503.

[2] Haas D, Galler H, Luxner J, et al. The concentrations of culturable microorganisms in relation to particulate matter in urban air[J]. Atmospheric Environment, 2013, 65(2):215-222.

[3] Li S, Li Y L, Zhang L, et al. Application of real-time polymerase chain reaction (PCR in detection of microbial aerosols[J]. Environmental Forensics, 2013, 14(1):16-19.

[4] 陈兴都,刘永军. 环境微生物学实验技术[M]. 北京:中国建筑工业出版社,2018.

[5] 丁林贤,盛贻林,陈建荣. 环境微生物学实验[M]. 北京:科学出版社,2016.

[6] 范亚文,刘妍. 兴凯湖的硅藻[M]. 北京:科学出版社,2016.

[7] 韩丛聪,李传荣,许景伟,等. 林地内两种空气微生物采样法效率比较与空气含菌量分布规律研究[J]. 安徽农学通报, 2013, 19(07):38-40.

[8] 韩茂森,束蕴芳. 中国淡水生物图谱[M]. 北京:海洋出版社,1995.

[9] 胡鸿钧,李尧英,魏印心,等.中国淡水藻类[M]. 北京:科学技术出版社,1980.

[10] 胡鸿钧,魏印心. 中国淡水藻类:系统、分类及生态[M]. 北京:科学出版社,2006.

[11] 胡伟,胡敏,唐倩,等. 珠江三角洲地区亚运期间颗粒物污染特征[J]. 环境科学学报, 2013, 33(7):1815-1823.

[12] 环境保护部.水质 五日生化需氧量(BOD₅)的测定 稀释与接种法:HJ 505—2009[S].北京:中国环境科学出版社,2009.

[13] 蒋燮治,堵南山.中国动物志(节肢动物门甲壳纲淡水枝角类)[M]. 北京:科学出版社,1979.

[14] 孔繁翔,尹大强,严国安. 环境微生物学[M]. 北京:高等教育出版社,2000.

[15] 辽宁省水利厅. 大伙房水库水生动植物图鉴[M]. 沈阳:辽宁科学技术出版社,2012.

[16] 刘静,韦桂峰,胡韧,等. 珠江水系东江流域底栖硅藻图集[M]. 北京:中国环境科学出版社, 2013.

[17] 克拉默,兰格-贝尔塔洛. 欧洲硅藻鉴定系统[M]. 刘威,朱远生,黄迎艳,译.广州:中山大学出版社,2012.

[18] 刘效峰,彭林,白慧玲,等. 焦化厂区环境空气中多环芳烃的气固分布特征[J]. 江苏大学学报, 2013, 34:228-233.

[19] 沈嘉瑞.中国动物志(节肢动物门甲壳纲淡水桡足类)[M]. 北京:科学出版社,1979.

[20] 水利部水文局.中国内陆水域常见藻类图谱[M]. 武汉:长江出版社,2012.

[21] 陶雪琴,肖相政,郭琇,等. 环境微生物学实验与题解[M]. 北京:科学出版社,2016.

[22] 王家楫.中国淡水轮虫志[M]. 北京:科学出版社,1952.

[23] 王连生.环境科学与工程辞典[M]. 北京:化学工业出版社,2002.

[24] 王全喜,曹建国,刘妍,等. 上海九段沙湿地自然保护区及其附近水域藻类图集[M]. 北京:科学出版社,2008.

[25] 王全喜,邓贵平.九寨沟自然保护区常见藻类图集[M].北京:科学出版社,2017.

[26] 王英明,徐德强.环境微生物学实验教程[M].北京:科学出版社,2019.

[27] 温洪宇,李萌,王秀颖.环境微生物学实验教程[M].徐州:中国矿业大学出版社,2017.

[28] 翁建中,徐恒省.中国常见浮游藻类图谱[M].上海:上海科技出版社,2010.

[29] 向贤芬,虞功亮,陈受忠.长江流域的枝角类[M].北京:中国科学技术出版社,2016.

[30] 徐德强,王英明,周德庆.微生物学实验教程[M].北京:高等教育出版社,2019.

[31] 杨金水.资源与环境微生物学实验教程[M].北京:科学出版社,2014.

[32] 章宗涉,黄祥飞.淡水浮游生物研究方法[M].北京:科学出版社,1991.

[33] 郑平.环境微生物学实验指导[M].杭州:浙江大学出版社,2005.

[34] 中国孢子植物志编辑委员会.中国淡水藻志:1-22卷[M].北京:科学出版社,1998-2016.

[35] 中国环境检测总站.水生态监测技术要求:淡水浮游动物(试行)[Z/OL].(2022-01-27)[2023-10-30].
http://www.cnemc.cn/gzdt/wjtz/202201/t20220127_968295.shtml.

[36] 中国环境检测总站.水生态监测技术要求:淡水浮游植物(试行)[Z/OL].(2022-01-27)[2023-10-30].
http://www.cnemc.cn/gzdt/wjtz/202201/t20220127_968295.shtml.

[37] 中国环境检测总站.水生态监测技术要求:淡水着生藻类(试行)[Z/OL].(2022-01-27)[2023-10-30].
http://www.cnemc.cn/gzdt/wjtz/202201/t20220127_968295.shtml.

[38] 中华人民共和国国家卫生和计划生育委员会.食品安全国家标准 细菌回复突变试验:GB 15193.4—2014[S].
北京:中国标准出版社,2014.

[39] 生态环境部.水生态监测技术指南 河流水生生物监测与评价(试行):HJ 1295—2023[S].北京:中国环
境科学出版社,2023.

[40] 生态环境部.水生态监测技术指南 湖泊和水库水生生物监测与评价(试行):HJ 1296—2023[S].北京:
中国环境科学出版社,2023.

[41] 生态环境部.水质 粪大肠菌群的测定 多管发酵法:HJ 347.2—2018[S].北京:中国环境科学出版社,
2008.

[42] 生态环境部.水质 总大肠菌群、粪大肠菌群和大肠埃希氏菌的测定 酶底物法:HJ 1001—2018[S].北
京:中国环境科学出版社,2008.

[43] 周凤霞,陈剑虹.淡水微型生物图谱[M].北京:化学工业出版社,2016.

[44] 周群英,王士芬.环境工程微生物学[M].4版.北京:高等教育出版社,2015.

[45] 朱惠忠,陈嘉佑.中国西藏硅藻[M].北京:科学出版社,2000.